高等职业院校规划教材·计算机应用技术系列

JSP动态网页开发

姜海岚 主 编

于 静 副主编

牛文琦 刘志杰 李飞飞 参 编

中国铁道出版社

CHINA RAILWAY PUBLISHING HOUSE

内 容 简 介

本书对基于 B/S 架构的 JSP 编程做了详细介绍，全书共分 10 章，主要内容包括：Web 开发技术概述、JSP 环境配置、HTML 相关技术基础知识、学生管理系统、JSP 语法基础、JSP 内置对象、JSP 与数据库应用、JSP 中使用 JavaBean、Servlet 编程技术、Struts 框架学习等内容。

本书是针对已经具备 Internet 基础知识，网页制作技术和 Java 编程基础的学生而编写的。采用任务驱动方式展开，以程序案例为主导，将知识点融入案例，以案例带动知识点的学习方式。对知识点进行讲解时，将容易出现的错误进行了详细解释，注重保证知识的完整性和系统性，实现通过学习案例来掌握软件的使用方法和使用技巧。

本书适合作为高职高专计算机专业的教材，也可作为培训学校相关课程的教材，以及作为动态网页制作爱好者的自学用书。

图书在版编目（CIP）数据

JSP 动态网页开发/姜海岚主编. —北京：中国铁道出版社，2009.10

高等职业院校规划教材. 计算机应用技术系列

ISBN 978-7-113-10539-6

Ⅰ.J… Ⅱ.姜… Ⅲ.JAVA 语言－主页制作－程序设计－高等学校：技术学校－教材 Ⅳ.TP393.092

中国版本图书馆 CIP 数据核字（2009）第 168676 号

书　　名：**JSP 动态网页开发**
作　　者：姜海岚　主编

策划编辑：严晓舟　　　　编辑部电话：（010）63583215
责任编辑：杜　鹃
编辑助理：何红艳　张　丹　　　　封面制作：李　路
封面设计：付　巍　　　　责任印制：李　佳

出版发行：中国铁道出版社（北京市宣武区右安门西街 8 号　　邮政编码：100054）
印　　刷：北京鑫正大印刷有限公司
版　　次：2009 年 11 月第 1 版　　2009 年 11 月第 1 次印刷
开　　本：787mm×1092mm　1/16　印张：13.75　字数：330 千
印　　数：4 000 册
书　　号：ISBN 978-7-113-10539-6/TP・3564
定　　价：22.00 元

出版说明

自 2002 年全国职业教育工作会议以来，全国各地区、各部门认真贯彻《国务院关于大力推进职业教育改革与发展的决定》(国发[2002]16 号)，加强了对职业教育工作的领导和支持，以就业为导向改革与发展职业教育逐步成为社会共识。2005 年，在北京召开的全国职业教育工作会议上，国务院总理温家宝提出，在今后一个时期，“教育结构调整总的方向是，普及和巩固义务教育，大力发展职业教育，提高高等教育质量”，“把基础教育、职业教育和高等教育放在同等重要位置”。此次讲话精神将职业教育的地位提到了一个新的高度，为大力发展职业教育奠定了思想基础，指明了方向。

作为高等职业教育的重要组成部分，计算机教育和教学也面临着“以就业为导向”的重要转变和改革。为顺应高等职业教育改革和发展的趋势，配合高等院校的教学改革和教材建设，中国铁道出版社联合全国知名职业教育专家和各大职业院校推出了“高等职业院校规划教材”系列丛书。

本套系列教材编写的主要指导思想：

(1) 定位明确。整套教材贯穿了“以就业为导向”的思想，面向就业，突出实际应用。

(2) 内容先进。教材合理安排经典知识和实际应用的内容，补充了新知识、新技术和新设备。

(3) 取舍合理。以高等职业教育的培养目标为依据，注重教材的科学性、实用性和通用性，尽量满足同类专业院校的需求。

(4) 体系得当。以岗位职业标准为依据设计教材的体系，体现岗位技能要求，紧密结合生产实际，强化实践环节，培养创新精神。

(5) 风格优良。在编写方式和配套建设中体现建设“立体化”精品教材体系的宗旨。为主要课程配套了电子教案、教学大纲、学习指导、习题解答、素材库、案例库、试题库等相关教学资源。

本套教材在编写过程中参考了《中国高职院校计算机教育课程体系 2007》(英文简称为 CVC 2007) 中各专业课程体系的参考方案，并根据专业类别划分系列，分为计算机应用技术系列、信息管理技术系列、多媒体技术系列、网络技术系列、软件技术系列、电子商务系列等若干子系列。在本系列丛书的编写和出版过程中，得到了各专业领域知名职业教育专家以及全国各大高等职业院校的大力支持，在此表示衷心感谢。希望本系列丛书的出版能为我国高等职业院校计算机教育改革起到良好的推动作用，欢迎使用本系列教材的老师和同学提出意见和建议，书中如有不妥之处，敬请批评指正。

中国铁道出版社

前言

FOREWORD

高职教育在近年来得到了蓬勃的发展，为培养所需要的高等技术应用型人才，因此在构建课程和教学内容体系时以“应用”为主旨。目前，高职院校主要流行两种教学方法：一种是传统的教学方法，另一种是侧重于案例的教学方法。而案例教学注重的是学生动手能力和实际操作能力的培养，其特别适合高职层次的人才培养目标。基于此，我们编写了本书。“案例教学、着眼于实用”是本书的特色。

JSP 技术是由 Sun 公司所倡导、众多公司参与建立的一种动态网页技术标准，它基于 Java 技术，具有良好的可伸缩性，与 Java Enterprise API 紧密结合，在网络数据库应用开发方面有着得天独厚的优势，具有广阔的前景。

本书通过翔实的内容和丰富的案例，引领读者学习 JSP、Servlet、JavaBean 的相关内容。

本书的章节按照学习 JSP 技术的学习过程进行编排，内容由浅入深，适合读者自学。

本书第 1 章介绍 Web 开发的主流技术。第 2 章介绍 Tomcat+JDK 的运行环境、安装配置及动态网页的开发工具 Eclipse，使读者对于 JSP 页面的开发有一个初步的认识。第 3 章介绍 HTML 和 JavaScript 的基础知识。第 4 章介绍一个学生管理系统的开发，通过本章的介绍，读者会了解到如何使用 Eclipse 来开发 Web Application。第 5 章和第 6 章是学习 JSP 的语法基础。第 5 章介绍 JSP 的基本语法。第 6 章介绍 JSP 的内置对象。第 7 章介绍 JDBC 及主要的类和接口以及 JSP 页面访问数据库的方式。第 8 章介绍 JavaBean 的基本概念和编写方法，详细说明如何在 JSP 中使用 JavaBean。第 9 章介绍 Servlet 编程技术。第 10 章简单介绍 Struts 框架的应用。

本书由姜海岚任主编，于静任副主编。本书第 1、5、6 章由于静编写，第 2、4、7～10 章由姜海岚编写，第 3 章由牛文琦编写。此外，参加编写的人员还有刘志杰、李飞飞。全书由姜海岚统稿。全书的编写得到了张亦辉教授、杨云教授的大力帮助和支持，在此表示感谢。还要感谢山东大学鸥玛软件的袁峰、郭伟、刘彦明、苏文、江林、付大江等同志，他们为本书提供了许多宝贵的建议。

由于作者水平有限，难免出现错误，恳请广大读者批评指正。

编　者

2009 年 7 月

CONTENTS

目录

第1章 概 述

本章主要介绍动态网站的基本概念及 JSP 技术，并对 JSP 技术的工作原理进行了阐述。并对 JSP 与其他开发技术进行了比较。

1.1 Web 的演变

Web 是一种典型的分布式应用架构。Web 应用中的每一次信息交换都要涉及客户端和服务器端两个层面。因此，Web 开发技术大体上可以分为客户端技术和服务器端技术两大类。接下来介绍静态 Web 与动态 Web 之间的区别。

1.1.1 静态 Web

具有交互性的网站使用户能够直接与网站或者网站的其他用户进行信息交流。一般把不具备交互性的网站称为静态 Web。在静态 Web 中，最简单的 Web 结构如图 1-1 所示。

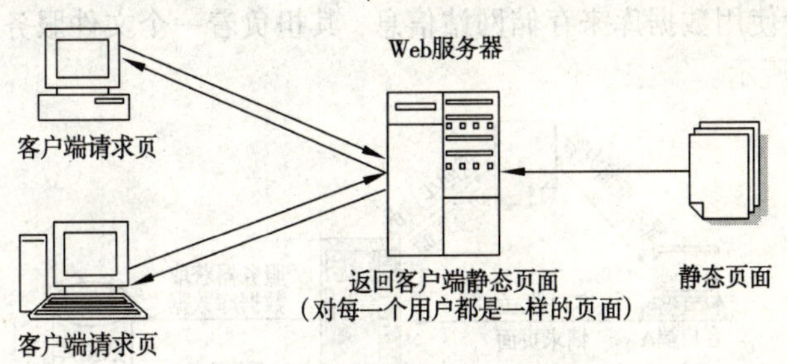

图 1-1 静态页面执行过程图

Web 客户端使用 TCP/IP 连接到 Web 服务器，并使用 HTTP 产生请求。服务器向客户端发送一个已生成的 HTML 文档，此文档包含文本、超链接和格式化标签；但它不包含任何动态内容，也不包含用户与用户之间的交互方式。在这种结构中，HTML 文档缺少变化，而且不向客户端提供交互功能。

【例 1.1】查看静态 Web 页

静态 Web 是标准的 HTML 文件（其文件扩展名是.htm 或.html），在 Web 中可以包含文本、图像、声音、Flash 动画、客户端脚本和 ActiveX 控件及 Java 小程序等。但是，这种网页不包含在服务器端运行的任何脚本，网页上的每一行代码都是由网页设计人员预先编写好后，放置到 Web 服务器上的，在发送到客户端的浏览器后不再发生任何变化。查看静态 Web 页的操作步骤如下：

（1）在桌面中双击 Internet Explorer 图标，打开 IE 浏览器窗口。

（2）在 IE 浏览器窗口的地址栏中输入 http://xsc.jnrp.cn/cxxy/default.htm，单击“转到”按钮或者按【Enter】键，打开“诚信校园”静态页面，如图 1-2 所示。

（3）在打开的“个人征信系统 – Microsoft Internet Explorer”浏览器窗口中，单击“征信知识”超链接，转到“征信知识”页面窗口中，在此页中以静态方式显示出征信知识，如图 1-3 所示。

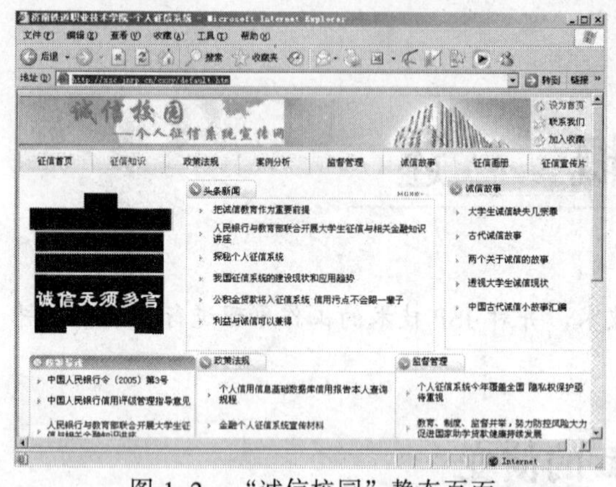

图 1-2　“诚信校园”静态页面

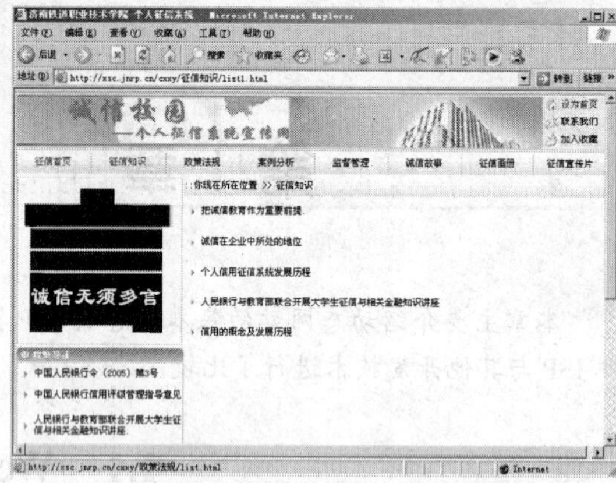

图 1-3　“征信知识”静态页面

1.1.2　动态 Web

动态 Web 页是指其页面信息可以根据需求或者用户的浏览状况，实现与用户交流和页面信息自动更新的网站。动态 Web 具有对 Web 数据库的支持和远程动态维护的功能。

动态 Web 页的优点是可以根据用户的浏览条件或者要求来创建网页。动态 Web 页的创建技术比较复杂，并且对服务器的处理能力要求较高。用户在访问过程中，每一个主页都必须由服务器生成，然后传送给用户。

动态 Web 页一般使用数据库来存储网站信息，其担负着一个文件服务器的角色。动态 Web 的服务流程如图 1-4 所示。

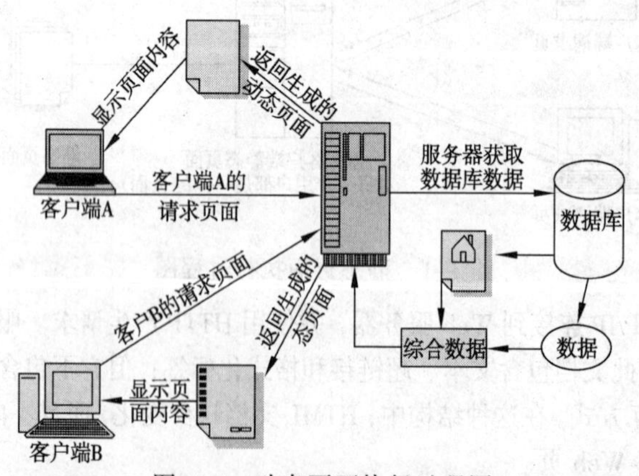

图 1-4　动态页面执行过程图

【例 1.2】查看动态 Web 页

动态 Web 页不是指在页面中添加一些 GIF 动态图片或者 Flash 动画和视频文件等，动态页面具有“交互性”、“自动更新”和“因时因人而变”等特性。具体介绍如下：

- 交互性。网页会根据用户的要求和选择而动态改变及响应。

- 自动更新。无须手动更新 HTML 文档，便会自动生成新的页面，可以减少工作量。
- 因时因人而变。即不同的时间、不同的人访问同一网站时会产生不同的页面。

下面以 JSP 脚本为例介绍动态页面中的交互方式。具体操作步骤如下：

（1）在桌面中双击 Internet Explorer 图标，打开 IE 浏览器窗口。

（2）在“IE 浏览器”窗口的地址栏中输入 http://www.sohu.com，单击“转到”按钮或者按【Enter】键，打开“搜狐首页”页面窗口，单击通行证附近的注册链接，打开“通行证注册”界面，如图 1-5 所示。

（3）在注册页面中，输入注册信息，单击“提交注册信息”按钮。此时，将弹出提示用户注册成功信息，并且自动跳转到“通行证注册成功”窗口。

（4）用刚才注册的通行证用户信息登录搜狐邮箱，在“邮箱首页”窗口中，将显示用户信息和邮件列表，如图 1-6 所示。

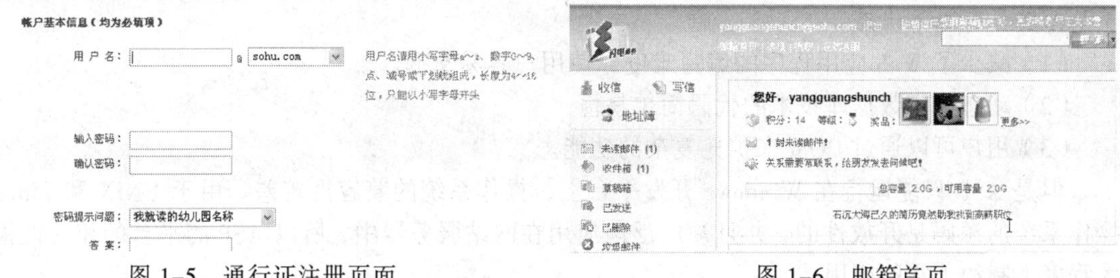

图 1-5　通行证注册页面　　图 1-6　邮箱首页

动态网页和静态网页的区别：静态网页的文件扩展名是.htm、.html，而动态网页的文件扩展名为.asp、.jsp、.php、.perl、.cgi 等。动态网页中的一些脚本只能在服务器上运行，而静态网页不能在服务器上运行任何脚本。当 Web 服务器收到用户请求的静态页面后，将把查找结果直接发送到浏览器；而当 Web 服务器收到用户请求的动态页面后，则先把这个网页传送到应用服务器上的特殊软件进行处理，然后将处理结果传送给客户端。

1.2　动态 Web 开发技术

随着 Web 技术的发展，产生了许多方法来解决动态页面生成的问题，目前用于生成动态网页较为流行的方法有 CGI、ASP、PHP、JSP、Servlet 技术等。相比而言，JSP 技术为创建显示动态生成内容的 Web 页面提供了一个简捷快速的方法。

1.2.1　CGI

CGI（common gateway interface，公共网关接口）是早期用来建立动态网页的技术。其主要功能是在 WWW 环境下，从客户端传送信息到服务器端，再由服务器端启动指定的程序代码来完成特定的工作。CGI 仅是在服务器端上执行程序代码，而 CGI 的工作是控制信息请求并返回所需的文件。

CGI 可以用任何一种语言编写，只要这种语言具有标准输入、输出和环境变量等特点，常见的语言有 Perl、C/C++、Java、Visual Basic、Visual FoxPro 等，另外，ASP 也属于其中的一种，因此 CGI 的应用语言范围很广。而 Perl（practical extraction and reporting language）是其中适合的语言之一。

CGI 开发工具的缺点是维护复杂、运行效率低，主要表现在以下几个方面：

（1）CGI 所编写的程序是以独立的进程方式运行的，当访问数量过大时，将影响系统资源，大幅度降低计算机系统性能。

（2）CGI 程序不是常驻内存。

（3）CGI 连接数据库的代码编写较难。

随后在 CGI 基础上改进出现了 Fast CGI 程序，其虽然解决了 CGI 程序能常驻内存的问题，但当用户访问量过大时，仍然会消耗大量的内存资源。

1.2.2 ASP

ASP（active server pages，活动服务器页）是服务器端的脚本编写环境，其可以创建动态 Web 页或生成功能强大的 Web 应用程序。ASP 页是包括 HTML 标记、文本和脚本命令的文件。ASP 页面可以调用 ActiveX 组件来执行任务，采用了三层计算结构，将 Web 服务器（逻辑层）、客户端浏览器以及数据库服务器分开，具有良好的可扩充性。

ASP 具有以下优点：

（1）减少了 Web 应用程序的编写难度，使用户容易掌握。

（2）动态访问数据库技术的代码简单易懂。

（3）用户可以通过 COM 来扩充复杂的功能。

但是 ASP 只能运行在 Windows 开发平台上，操作系统的兼容性较差。由于 UNIX 和 Linux 操作系统的源码是开放性的，并且被广泛地应用在网站服务器中，所以 ASP 的平台的相关性很大程度上制约了它的应用。

1.2.3 PHP

PHP（personal home pages）是一种 HTML 内嵌式的语言（类似于 IIS 上的 ASP）。PHP 独特的语法混合了 C、Java、Perl 以及 PHP 式的新语法，可以运行在多种平台上。

因为 PHP 易于使用，并且能与复杂的功能结合起来，所以其迅速成为 Web 开发的重要工具。对于初学者来说，PHP 是一种非常流行的编程语言，即使是对计算机没有编程基础的用户也是一种易学会易掌握的语言。

由于 PHP 采用 Open Source 方式，它的源代码完全公开，使得不断有新的内容加入到函数库中，以实现更多的功能。PHP 在数据库支持方面做得非常好，其可以支持目前大部分数据库。PHP 对组件的支持较差，并且扩展性也较差。

1.2.4 Servlet

Servlet 是建立在 Java 基础上的一种技术和标准。Servlet 程序其实就是 Java 程序，只不过它是用 Java Servlet API 开发的用于服务器端的程序。

Servlet 具有 Java 所具有的所有优点，如跨平台、安全、易开发。由于使用了 Servlet Tag 技术，它能够生成嵌入静态 HTML 页面中的动态内容。

Servlet 的缺点在于它的页面显示和业务逻辑没有分离，编写难度较大。

1.3 JSP 技术及其优势

JSP（JavaServer pages）是由 Sun Microsystems 公司倡导、多家公司参与一起建立的一种动态网页技术标准。

在传统的网页 HTML 文件（*.htm、*.html）中加入 Java 程序片断（scriptlet）和 JSP 标记（tag），

就构成了 JSP 网页（*.jsp）。

Web 服务器在访问 JSP 页面的请求时，首先执行其中的程序片断，然后将执行结果以 HTML 格式返回给客户。

程序片断可以操作数据库，重新定向网页以及发送 E-mail 等，这是建立动态网站所需要的功能。

JSP 基于 Java 语言，具有良好的伸缩性，与 Java Enterprise API 紧密地集成在一起，在网络数据库应用开发领域具有很大的优势。

下面介绍一下 JSP 的运行方式；

服务器在接收到客户端发来的一个 JSP 页请求时，将 JSP 代码转换成 Servlet 代码，然后由 JSP 引擎调用服务器端的 Java 编译器对 Servlet 代码编译，把它编译成字节码文件（.class），再由 JVM（Java 虚拟机）执行此字节码文件，最后将执行结果以 HTML 格式返回给客户端。

整个 JSP 页面的执行过程如图 1-7 所示。

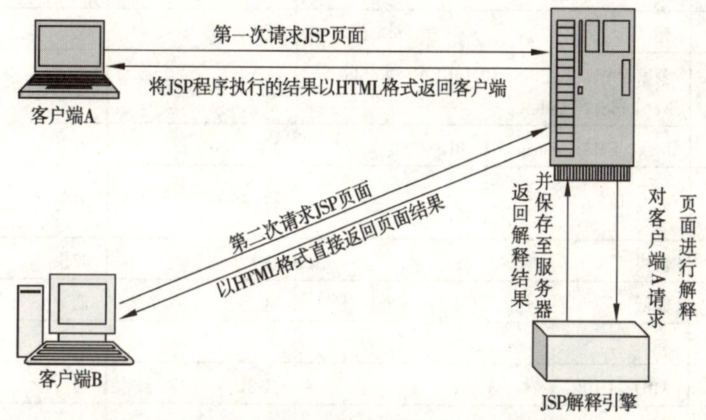

图 1-7 JSP 页面执行过程

从图 1-7 中可以看出，JSP 的执行过程比较复杂，首先需要对源程序代码进行解释，然后再执行页面中的内容，所以用户在第一次运行 JSP 时速度比较慢，但以后运行的速度会非常快。其实在运行时，常常只有最后一步，这是由于服务器端有一种机制，测试出用户是否是第一次浏览本站点，如果用户不是第一次对 JSP 进行请求，就直接调用 Servlet，而 Servlet 的速度是比较快的。另外，如果开发人员对 JSP 代码进行修改，此页面再请求时，服务器将重新对代码进行解释，并用解释后所得到的字节码文件覆盖原来的文件。

JSP 除了在速度上有优势以外，还具有如下优点：

（1）将业务逻辑层和表示层分离。

开发人员在使用 JSP 技术时，可以使用 HTML 来设计页面的静态内容（如字体颜色等），使用 JSP 指令或者 Java 程序片段生成网页上的动态内容。

（2）兼容多操作系统。

JSP 支持多种操作系统平台，如 Windows 98、Windows 2000、Windows XP 以及 Linux 操作系统等。

（3）方便的组件功能。

在动态 Web 中，ASP 的组件是由 C++和 VB 等语言开发的，并需要注册才能使用，而 JSP 的组件是由 Java 开发的，可直接使用。另外，在 Java 中 JavaBeans 的使用也很方便，由于 Java

支持多种操作系统，所以 JavaBeans 的可移植性和可重用性也非常高。

（4）一次编写，处处运行。

由于 Java 具有一次编写、处处运行的特点，所以 JSP 也具有此优点。

在动态网页开发技术中，JSP、ASP、PHP 这三种技术较为常用，如表 1-1 所示为这三种技术的比较。

表 1-1　ASP、JSP、PHP 的比较

性能参数	JSP	ASP	PHP
Web 服务器	Apache、IIS、PWS、Netscape Server、iPlanetNetscape	IIS、PWS	Apache、IIS、PWS、Netscape Server
运行平台	各种 UNIX（Solaris、Linux、AIX、IRIX 等）Windows、MacOS	Windows	各种 UNIX（Solaris、Linux、AIX、IRIX 等）、Windows
组件技术	JavaBeans、EJB	COM	COM、JavaBeans
自定义标记语法	有	无	无
开放性	多家合作，包括 Sun、IBM、BEA Weblogic、Netscape、Oracle	无	自由软件
脚本语言支持	Java、EMAC-Script、WebL	VBScript、JScript	PHP
建立大型 Web 应用程序	可以	可以	不宜
程序执行速度	较快	快	较快
学习难度	较低	低	低
Session 管理	有	有	有
统一的数据库连接	ADO、ODBC	JDBC	无
扩展名	.jsp	.asp	.php、.php3、.phps

总之，随着计算机迅速的发展，计算机语言也将向更高效更强大的趋势发展。JSP 的优点及网络安全性将在动态 Web 中发挥出更好的优势。

小　结

本章介绍了 Web 开发的主要实现技术，对 JSP 技术及其原理做了详细阐述。通过本章的学习，读者可对 JSP 有一个大体的了解。

习　题

一、填空题

1. Web 开发技术大体上可以分为__________和__________两大类。
2. 静态 Web 是标准的 HTML 文件（其文件扩展名是.htm 或.html），在 Web 中包含文本、图像、声音、Flash 动画、__________和 ActiveX 控件及 Java 小程序等。
3. 动态页面具有__________、__________、__________等特性。
4. 静态网页的文件扩展名是__________、__________。

5. Web 服务器在访问 JSP 页面的请求时，首先执行其中的程序片断，然后将执行结果以__________格式返回给客户。
6. 在传统的网页 HTML 文件（*.htm、*.html）中加入__________和__________，就构成了 JSP 网页（*.jsp）。

二、问答题

1. JSP 具有哪些优点？
2. 静态 Web 页和动态 Web 页的主要区别是什么？

第 2 章 JSP 环境配置

用户进行 JSP 开发之前，首先需要配置它的运行环境。本书中所有的实例都是在 Tomcat 服务器下开发的，这里将介绍 Tomcat+JDK 的运行环境及其安装配置。此外，还将介绍 JSP 动态网页的开发工具 Eclipse。本章是后面各章学习的基础。

2.1 JSP 运行环境的构成

通过第 1 章的学习，我们知道 JSP 动态网页的执行分为客户端的请求和服务器端对动态网页的编译执行两部分。因此，在学习 JSP 之前，首先要搭建一个可以运行 JSP 的服务器操作环境。

服务器端需要安装的软件有：操作系统、JSP 编译程序、Web 应用程序服务器、后台数据库和 JDBC 接口等。其具本要求如下：

- 操作系统：JSP 的跨平台性能良好，可以运行在大多数操作系统上，如 Windows98/NT/2000/XP/2003 以及各种 Linux 系统和 UNIX 系统等。
- JSP 编译程序：由 Sun 公司提供的免费 JDK（Java developer kit）。
- Web 应用程序服务器：Apache 提供的免费 Tomcat。
- 后台数据库：微软的 SQL Server 2000 或者 Access 2000。

2.2 J2SDK 安装与配置

2.2.1 J2SDK 下载

Java 是一种通用的、并发的、强类型的、面向对象的编程语言。JDK 是 Sun 公司开发的免费 Java 开发工具（Java develop kit，Java 开发包），现正式名称为 J2SDK（Java2 software develop kit）。

J2SDK 可在 Sun 公司的网站 http://Java.sun.com 免费下载，也可以在其他提供计算机编程软件下载的网站下载。为了方便使用 Java，Sun 公司提供了 Java 帮助文档，可以在 Sun 公司的网站下载。针对不同的开发平台，可以下载不同版本的 J2SDK。本书使用的版本是 JDK1.6.0_05。具体下载过程如下：

（1）首先打开 Sun 公司主页，如图 2-1 所示。

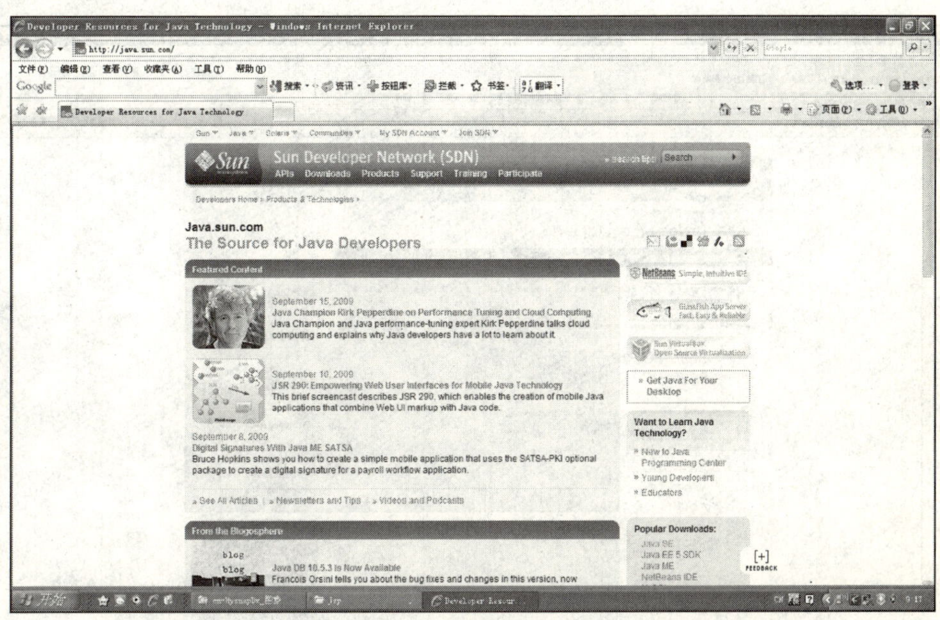

图 2-1 Sun 公司主页

（2）通过链接找到 Java SE 中的最新软件下载地址，如图 2-2 所示。

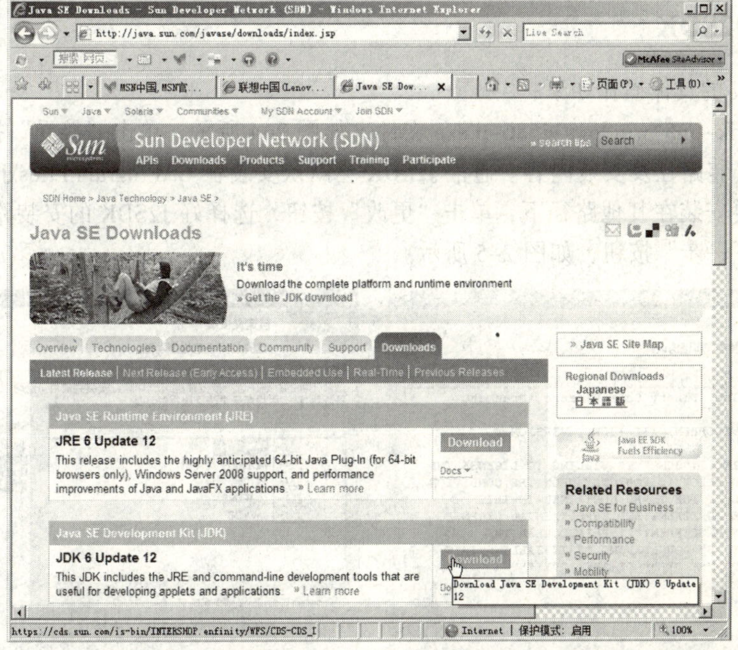

图 2-2 J2SE 相关下载

单击 Download 链接，在弹出页面中先选择接受许可协议，再选择下载 Windows 平台下的离线安装程序，如图 2-3 所示。

单击 Windows Offline Installation,Multi-language 链接，下载文件：jdk-6u5-windows- i586-p.exe。

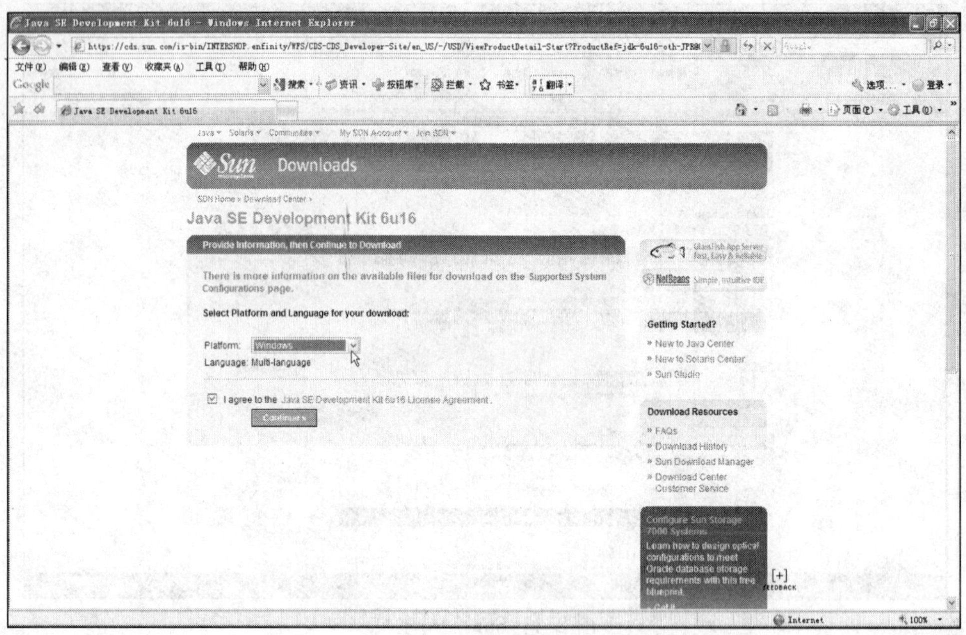

图 2-3　选择合适的运行平台

2.2.2　安装 J2SDK

安装 J2SDK 的具体操作如下：

（1）运行 jdk-6u5-windows-i586-p.exe 文件，如图 2-4 所示，单击“接受”按钮。

（2）选择安装路径及安装内容。通常 J2SDK 会默认安装在 C:\Program Files\Java\jdk1.6.0_05 目录下，假如要安装在其他路径下，单击“更改”按钮，选择好 J2SDK 的安装路径。确认无误后，再单击“下一步”按钮，如图 2-5 所示。

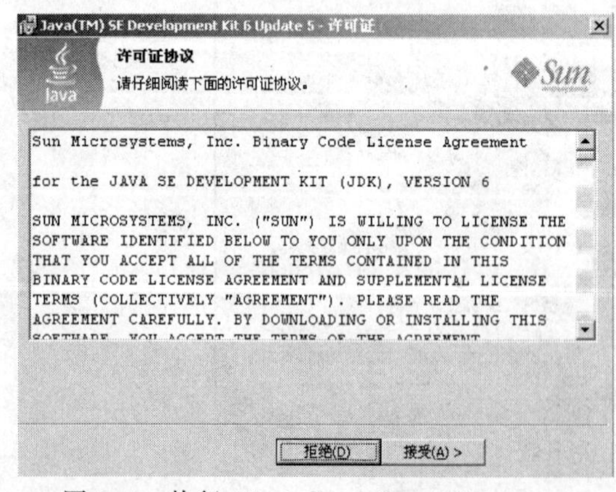

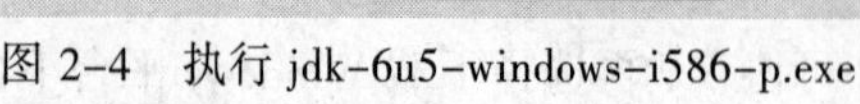
图 2-4　执行 jdk-6u5-windows-i586-p.exe

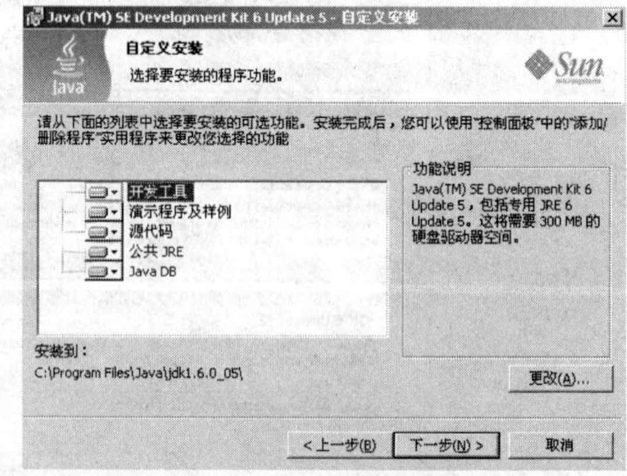

图 2-5　选择安装路径及安装内容

（3）安装 Java Plug-In 到浏览器，如图 2-6 所示。安装 Plug-In 时，通常选择 Microsoft Internet Explorer 复选框，接着单击 Install 按钮。

（4）成功安装 J2SDK，单击 Finish 按钮，如图 2-7 所示。

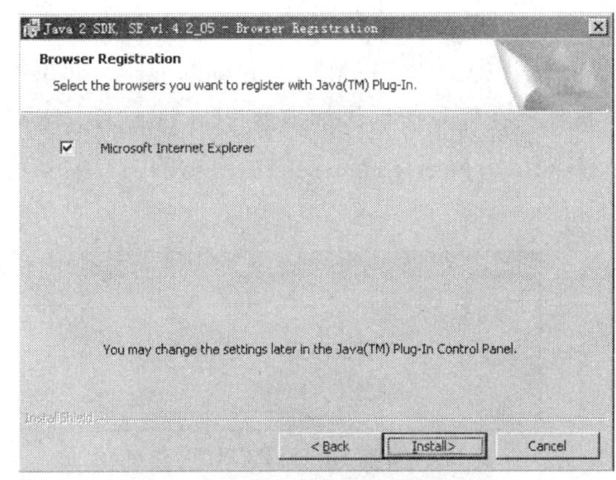

图 2-6　安装 Java Plug-In 到浏览器

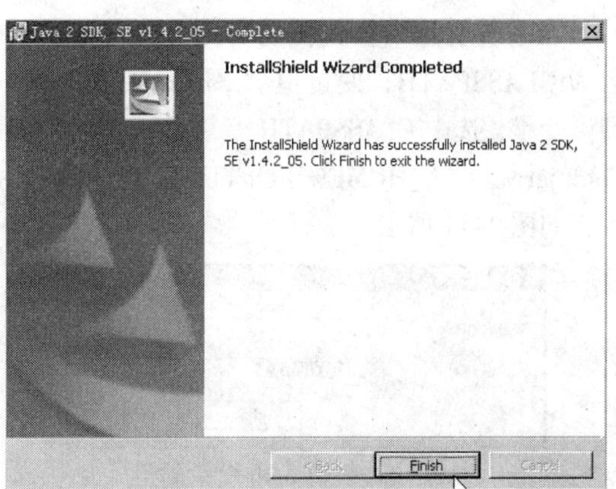

图 2-7　成功安装 J2SDK

2.2.3　J2SDK 的配置

在桌面的“我的电脑”图标上右击，在弹出的快捷菜单中选择“属性”命令，在弹出的“系统属性”对话框中选择“高级”选项卡。单击“环境变量”按钮，弹出如图 2-8 所示的“环境变量”对话框。

单击对话框下部“系统变量”选项区域中的“新建”按钮，弹出如图 2-9 所示的“新建系统变量”对话框。

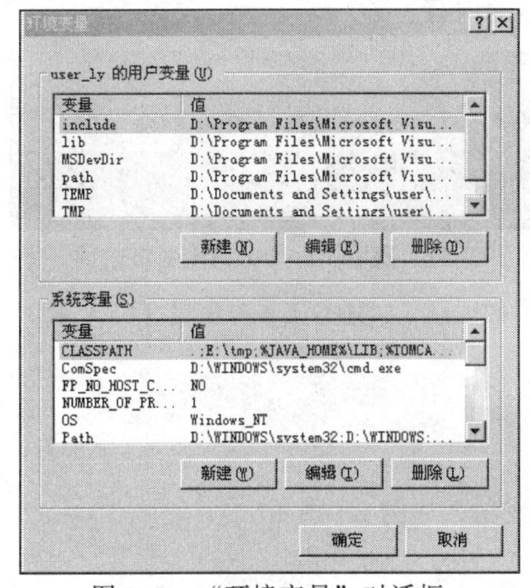

图 2-8　“环境变量”对话框

图 2-9　“新建系统变量”对话框

在“新建系统变量”对话框的“变量名”文本框中输入 JAVA_HOME，“变量值”文本框中输入 C:\Program Files\Java\jdk1.6.0_05。

（1）path 路径参数的配置。

在系统变量中查找变量名为 path 的变量，如果没有找到则按上述方法创建，变量名为 path，变量值为“%JAVA_HOME%\bin”。如果找到该变量，选中 path 变量后，单击“编辑”按钮，在变量值后增加“;%JAVA_HOME%\bin，如图 2-10 所示。注意用分号“;”分隔各个路径，变量值前后的引号无须输入。

（2）CLASSPATH 类路径参数的配置。

在系统变量中查找变量名为 CLASSPATH 的变量，如果没有找到则按上述方法创建，变量名为 CLASSPATH，变量值“.,%JAVA_HOME%\lib\dt.jar; %JAVA_HOME%\lib\tools.jar”。如果找到该变量，选中 CLASSPATH 变量后，单击“编辑”按钮，在变量值后添加内容“%JAVA_HOME%\lib\dt.jar;%JAVA_HOME%\lib\tools.jar”。注意，用分号“;”分隔各个路径变量值前后的引号无须输入，如图 2-11 所示。

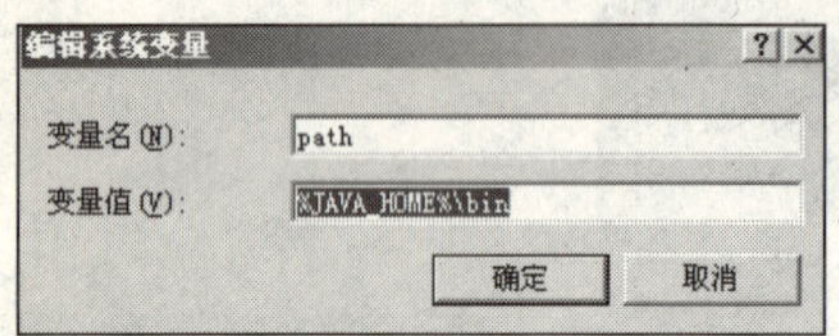

图 2-10　编辑 path 变量的值

图 2-11　编辑 CLASSPATH 变量的值

注意：

（1）CLASSPATH 的设定中，“.”表示当前路径。

（2）dt.jar 是关于运行环境的类库。

（3）tools.jar 是关于一些工具的类库。

（4）CLASSPATH 的设定中，分号（;）用来分隔两个不同的路径，注意不要添加空格。

设置完后可以通过命令行察看 path 和 CLASSPATH 的值，进入命令行窗口，如图 2-11 所示，输入命令 SET PATH，显示如图 2-12 所示的内容。

同样，输入命令 set Classpath，显示如图 2-13 所示的内容。

图 2-12　查看 path 变量的值

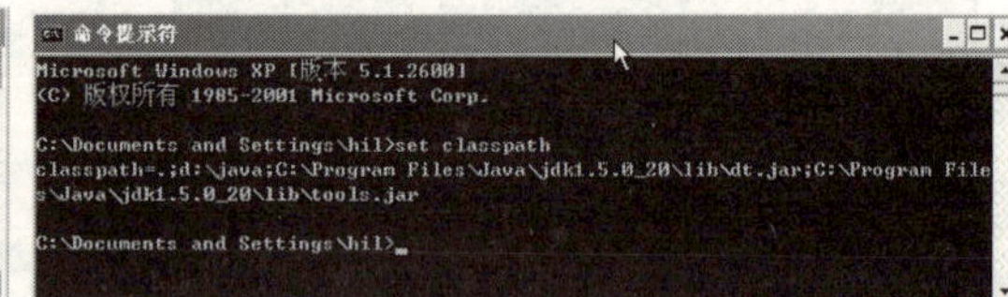

图 2-13　查看 CLASSPATH 变量的值

查看输出可以发现，path 和 CLASSPATH 变量值中的%JAVA_HOME%被变量 JAVA_HOME 的值替换。

2.2.4　测试 J2SDK

写一个简单的 Java 程序来测试 J2SDK 是否已安装成功，如例 2.1 所示。

【例 2.1】hello.java

```
public class Hello
{
   public static void main(String args[])
   {
      System.out.println("Hello");
   }
}
```

将程序保存为文件名是 Hello.java 的文件。打开命令提示符窗口，进入到 Hello.java 所在目录，输入下面的命令：

```
javac Hello.java
```

```
java Hello
```

此时若显示 Hello 则表示安装成功，若没有显示这句话，请仔细检查以上配置是否正确。

2.3　Tomcat 安装与配置

2.3.1　下载 Tomcat

Tomcat 服务器是一个免费的、开放源代码的 Web 应用服务器，它是 Apache 软件基金会（Apache Software Foundation）的 Jakarta 项目中的一个核心项目，由 Apache、Sun 和其他一些公司及个人共同开发而成。同时它又是 Sun 公司正式推荐的 Servlet 和 JSP 容器。由于有了 Sun 的参与和支持，最新的 Servlet 和 JSP 规范可以在 Tomcat 中得到体现，Tomcat 5 支持最新的 Servlet 2.4 和 JSP 2.0 规范。因为 Tomcat 技术先进、性能稳定，而且免费，因而深受 Java 爱好者的喜爱并得到了部分软件开发商的认可，成为目前比较流行的 Web 应用服务器之一。本书采用的是 jakarta-tomcat-6.0.16 版本，可以在 Apache Tomcat 官方网站下载，如图 2-14 所示。

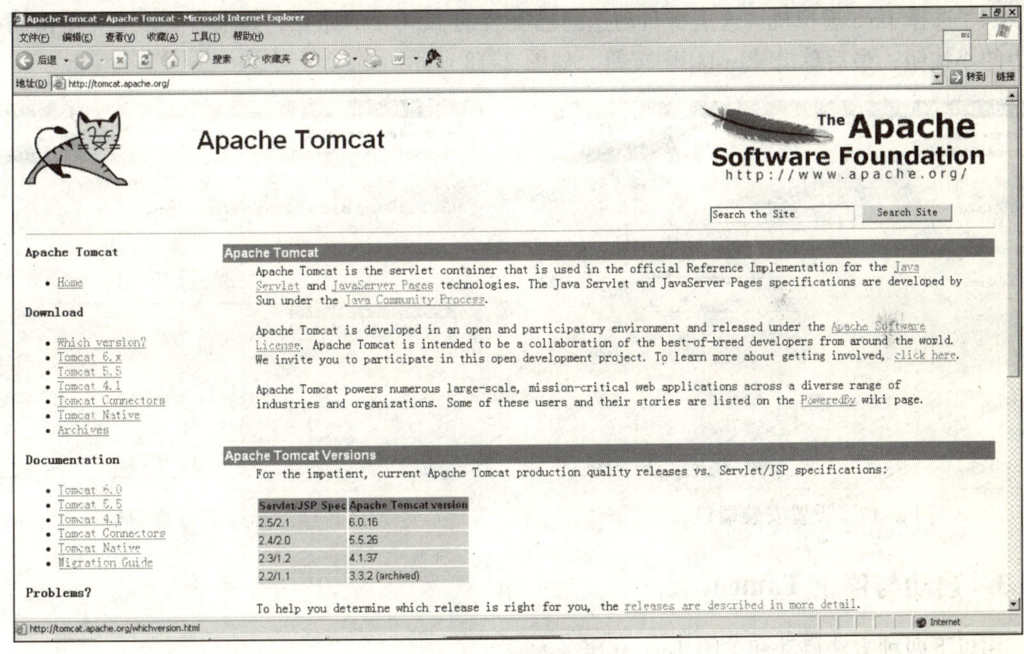

图 2-14　下载 Tomcat

在页面左侧的 Download 区域，单击 Tomcat 6.x 超链接，进入下载页面。

2.3.2　安装与配置 Tomcat

下载完成得到压缩文件 apache-tomcat-6.0.16.zip。经解压缩后，得到文件 apache-tomcat-6.0.16.exe。双击该文件即可进行安装，软件安装会在安装向导的提示下完成。安装过程如下：

（1）在出现欢迎页面和版权页面后，进入选择组件页面，建议选择默认安装，如果希望在计算机启动的同时自动启动 Tomcat，可选择 Service 复选框，如图 2-15 所示。

（2）为方便操作，设置安装路径为 C:\Tomcat5.0，如图 2-16 所示。

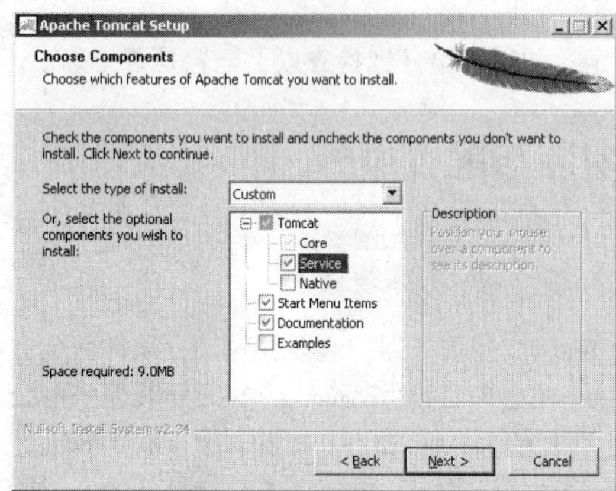

图 2-15　Tomcat 选择组件

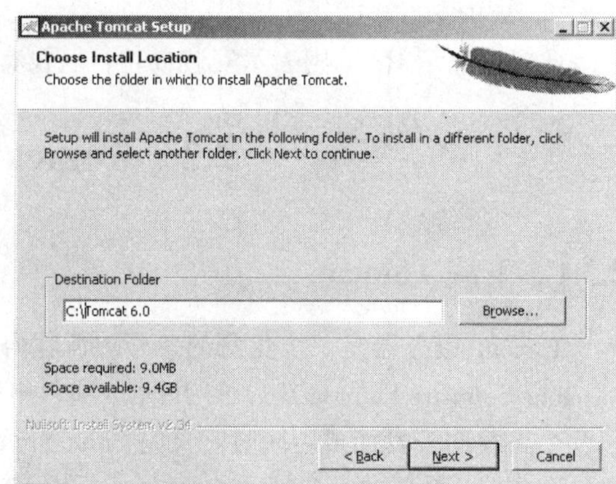

图 2-16　设置安装路径

（3）设置 Tomcat 连接的端口号，默认的端口号为 8080，可以根据需要修改端口号，设置 Tomcat 管理员用户名和密码，这里如果设置，需要记住，如图 2-17 所示。

（4）选择 Java 虚拟机。这里将自动选择已安装的 J2SDK 的路径，如果需要改变，单击路径右边的小按钮，最后单击“Install”按钮，如图 2-18 所示。

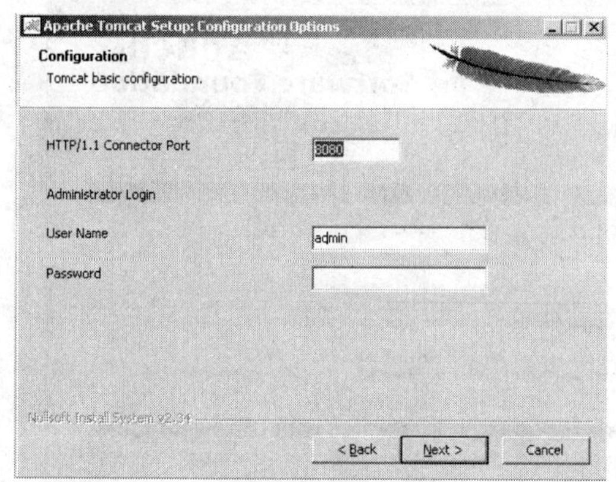

图 2-17　设置安装端口

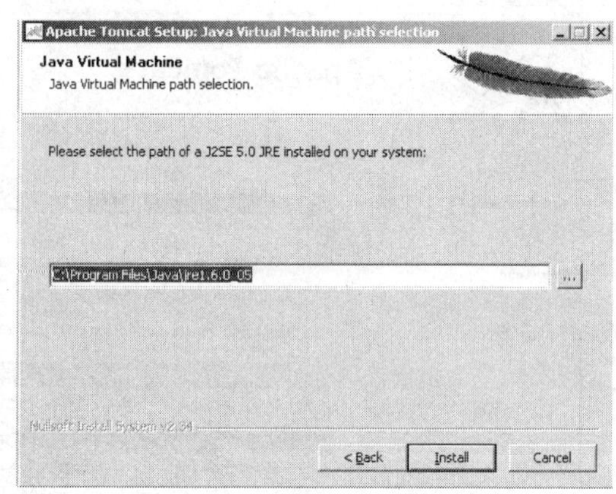

图 2-18　选择 Java 虚拟机

2.3.3　启动与停止 Tomcat

用以下两种方法启动和关闭 Tomcat 服务。

（1）单击“开始”→“程序”→Apache Tomcat 6.0→MonitorTomcat 命令，在任务栏右下角会出现 Tomcat 图标。在 Tomcat 图标上右击，弹出快捷菜单，如图 2-19 所示。在菜单上选择 Start service 命令，即可启动 Tomcat 服务。此时在任务栏右下角会出现 Tomcat 图标。停止 Tomcat 服务时，在弹出的菜单上选择 Stop service 命令，如图 2-20 所示，即可停止 Tomcat 服务。

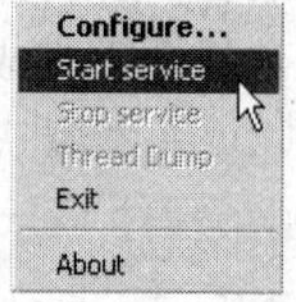

图 2-19　启动 Tomcat 服务

图 2-20　停止 Tomcat 服务

（2）打开资源管理器，找到 Tomcat 安装目录中 bin 目录下的 tomcat6.exe 文件，双击即可启动 Tomcat 服务，打开如图 2-21 所示的窗口，则表明 Tomcat 正常启动，关闭窗口即可停止 Tomcat 服务。

```
C:\Tomcat 6.0\bin\tomcat6.exe
2008-4-15 21:20:08 org.apache.catalina.core.AprLifecycleListener init
信息: The APR based Apache Tomcat Native library which allows optimal performanc
e in production environments was not found on the java.library.path: C:\Tomcat 6
.0\bin;.;C:\WINDOWS\Sun\Java\bin;C:\WINDOWS\system32;C:\WINDOWS;C:\Program Files
\Java\jdk1.6.0_05\bin
2008-4-15 21:20:08 org.apache.coyote.http11.Http11Protocol init
信息: Initializing Coyote HTTP/1.1 on http-8080
2008-4-15 21:20:08 org.apache.catalina.startup.Catalina load
信息: Initialization processed in 732 ms
2008-4-15 21:20:08 org.apache.catalina.core.StandardService start
信息: Starting service Catalina
2008-4-15 21:20:08 org.apache.catalina.core.StandardEngine start
信息: Starting Servlet Engine: Apache Tomcat/6.0.16
2008-4-15 21:20:08 org.apache.coyote.http11.Http11Protocol start
信息: Starting Coyote HTTP/1.1 on http-8080
2008-4-15 21:20:08 org.apache.jk.common.ChannelSocket init
信息: JK: ajp13 listening on /0.0.0.0:8009
2008-4-15 21:20:08 org.apache.jk.server.JkMain start
信息: Jk running ID=0 time=0/31  config=null
2008-4-15 21:20:08 org.apache.catalina.startup.Catalina start
信息: Server startup in 696 ms
```

图 2-21　Tomcat 信息窗口

2.3.4　测试 Tomcat

打开浏览器，在地址栏中输入 http://localhost:8080 或者 http://127.0.0.1:8080 后按【Enter】键，如果显示如图 2-22 所示的页面，则表示 Tomcat 已经正常运行。如果没有出现该页面，则需要按照前面的操作步骤一一检查。

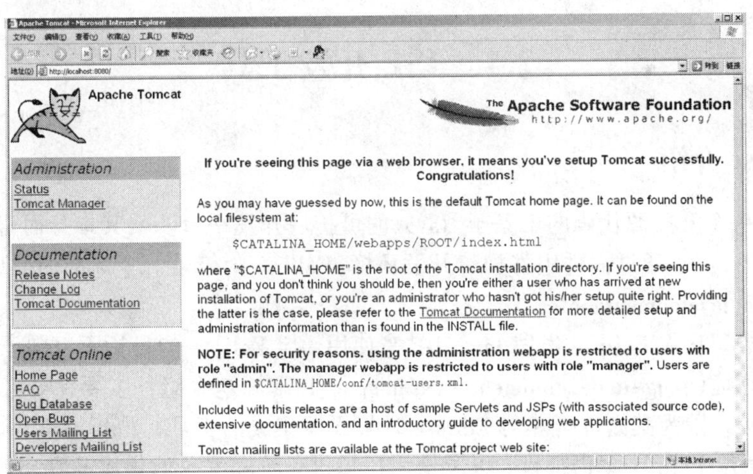

图 2-22　Tomcat 主页

提示

（1）如果双击 tomcat6.exe 文件时，屏幕只是闪了一下，没有出现预期的黑色窗口。

解决：检查环境变量 JAVA_HOME 是否设置。

（2）如果双击 tomcat6.exe 文件时，弹出如图 2-23 所示的黑色窗口，在许多信息显示完毕后，接着窗口就消失了。

解决：检查任务栏右下角，是否有 Tomcat 图标。如果有，说明 Tomcat 服务已启动，再次启动时必然会出错。

```
C:\Tomcat 6.0\bin\tomcat6.exe
        at org.apache.catalina.core.StandardServer.stop(StandardServer.java:744)

        at org.apache.catalina.startup.Catalina.stop(Catalina.java:628)
        at org.apache.catalina.startup.Catalina$CatalinaShutdownHook.run(Catalin
a.java:671)
2008-4-15 21:26:01 org.apache.catalina.core.StandardService stop
信息: Stopping service Catalina
2008-4-15 21:26:01 org.apache.catalina.connector.MapperListener destroy
警告: Error unregistering MBeanServerDelegate
java.lang.NullPointerException
        at org.apache.catalina.connector.MapperListener.destroy(MapperListener.j
ava:162)
        at org.apache.catalina.connector.Connector.stop(Connector.java:1179)
        at org.apache.catalina.core.StandardService.stop(StandardService.java:59
3)
        at org.apache.catalina.core.StandardServer.stop(StandardServer.java:744)

        at org.apache.catalina.startup.Catalina.stop(Catalina.java:628)
        at org.apache.catalina.startup.Catalina$CatalinaShutdownHook.run(Catalin
a.java:671)
2008-4-15 21:26:01 org.apache.coyote.http11.Http11Protocol destroy
信息: Stopping Coyote HTTP/1.1 on http-8080
2008-4-15 21:26:01 org.apache.catalina.connector.Connector stop
严重: Coyote connector has not been started
```

图 2-23　Tomcat 错误页面

（3）端口占用。如果双击 tomcat6.exe 文件时，弹出窗口显示 Tomcat 默认的 8080 端口已经被别的应用程序端口所占用。

解决：打开 Tomcat 安装目录下 conf 子目录中的 server.xml 文件，找到这段配置文字：

```
<Connector port="8080" protocol="HTTP/1.1"
           connectionTimeout="20000"
              redirectPort="8443" />
```

将其中的 port="8080" 对应的端口号 8080 改为其他一个未被使用的端口号，比如 8081。然后重新启动 Tomcat 就可以了，这样在以后访问 Tomcat 时，应该在浏览器地址栏中输入 http://localhost:8081，同样会出现如图 2-22 所示的页面。

2.4　JSP 开发工具

2.4.1　Eclipse 介绍

Eclipse 是一个开放源代码的、基于 Java 的可扩展开发平台。就其本身而言，它只是一个框架和一组服务，用于通过插件组件构建开发环境。Eclipse 附带了一个标准的插件集，包括 Java 开发工具（Java development tools，JDT）。

虽然大多数用户将 Eclipse 当做 Java IDE 来使用，但 Eclipse 的目标不仅限于此。Eclipse 还包括插件开发环境（plug-in development environment，PDE），这个组件主要针对希望扩展 Eclipse 的软件开发人员，因为其允许构建与 Eclipse 环境无缝集成的工具。由于 Eclipse 中的每样东西都是插件，对于给 Eclipse 提供插件，以及给用户提供一致和统一的集成开发环境，所有工具开发人员都具有同等的发挥场所。

2.4.2　Eclipse 安装

1. Eclipse 的下载及安装

在安装 Eclipse 之前，要求安装 J2SDK。本书使用的 Eclipse 版本是 3.3，是 lomboz、eclipse、gef 等的整合版本。Lomboz 支持 JSP 语法高亮和语法检查，并且还支持 JSP 调试。可以到 http://forge.objectweb.org/project/showfiles.php?group_id=97 下载 Eclipse，如图 2-24 所示，下载的

文件名为 org.objectweb.lomboz-all-in-one-R-3.3-200710290621-win32.zip。

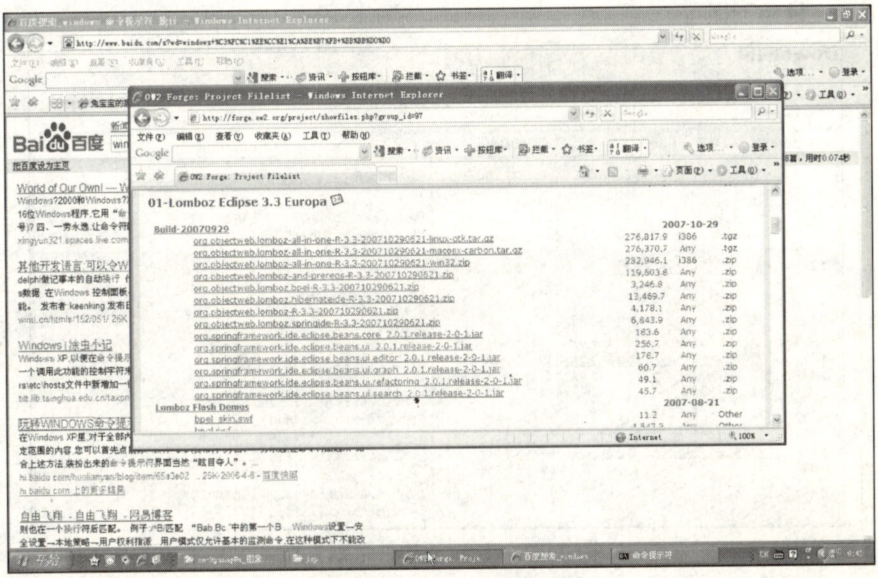

图 2-24　Eclipse 下载页面

将文件 org.objectweb.lomboz-all-in-one-R-3.3-2007102 90621-win32.zip 解压缩到 D 盘中，双击 eclipse 目录下的 eclipse.exe 可执行文件，首先出现的是程序启动画面。

然后弹出如图 2-25 所示的对话框，提示选择工作区的路径，默认是 eclipse\workspace，选中复选框，表示在以后打开 Eclipse 的时候不再出现此对话框。最后，单击 OK 按钮。

出现如图 2-26 所示的窗口，表示 Eclipse 正确安装。

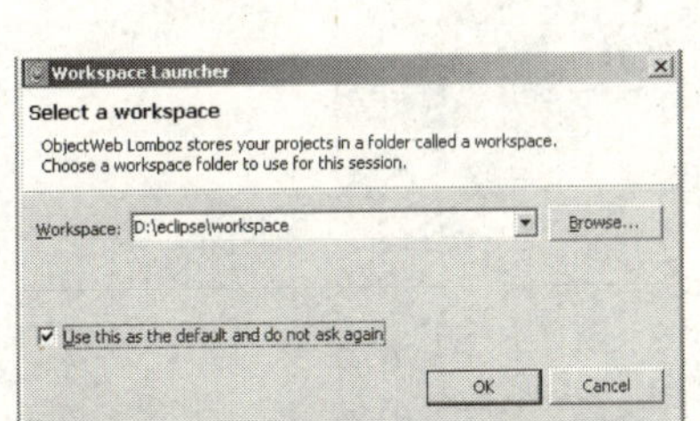

图 2-25　Eclipse 选择工作区对话框

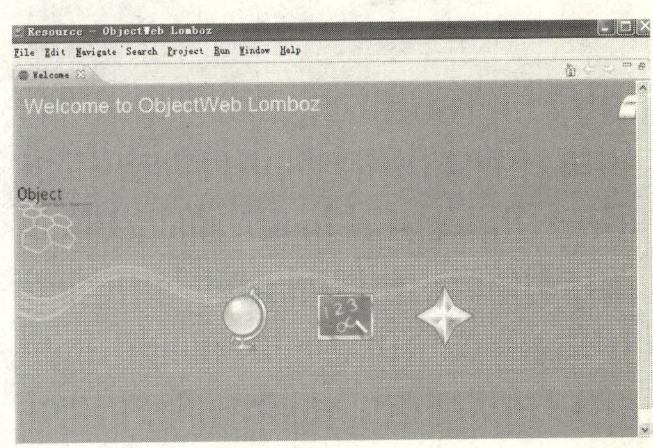

图 2-26　Eclipse 工作窗口

2. Tomcat 插件的下载及安装

为了能够在 Eclipse 中方便地控制 Tomcat 应用服务器的状态，对 Java Web 程序进行编写和调试，开发人员可以在 Eclipse 中安装支持 Tomcat 应用服务器的插件。

打开 http://www.eclipsetotale.com/tomcatPlugin.html，显示如图 2-27 所示的页面。注意 Tomcat 插件的下载版本是和 Eclipse 及 Tomcat 的版本相关的，本书使用的是 Eclipse 3.3.3、Tomcat6.0，对照下载表可知应下载的 Tomcat 插件的版本是 v3.2.1，下载的插件名称为 tomcatPlugin V321.zip，

将该文件解压缩后，将目录下的 com.sysdeo.eclipse.tomcat_3.2.1 文件夹复制到 Eclipse 安装目录下面的 plugins 目录下即可。

Download

This plugin is free and open-source

Version	File	Date	Comment
3.2.1	tomcatPluginV321.zip	10 May 2007	releaseNotesV321.txt Works with Eclipse 3.1, 3.2 and 3.3M7 Fix a problem with HTTPS
3.2	tomcatPluginV32.zip	13 April 2007	releaseNotesV32.txt Works with Eclipse 3.1, 3.2 and 3.3M6 Tomcat 6 support added
3.2 beta3	tomcatPluginV32beta3.zip	20 November 2006	releaseNotesV32beta3.txt Works with Eclipse 3.2 and Eclipse 3.1 Tomcat 6 support added
3.2 beta2	tomcatPluginV32beta2.zip	25 October 2006	releaseNotesV32beta2.txt Works with Eclipse 3.2 and Eclipse 3.1 Tomcat 6 support added

图 2-27　Tomcat 插件下载页面

在安装完插件后，重新启动 Eclipse，屏幕效果如图 2-28 所示。可以看到在 Eclipse 的开发环境中添加了控制 Tomcat 服务器状态的工具栏，同时菜单中也新增了一个对应的 Tomcat 菜单。如果没有出现，可以在关闭 Eclipse 后，删除 Eclipse 安装目录下 configuration 目录中的 org.eclipse.update 目录，然后重新启动 Eclipse 即可。

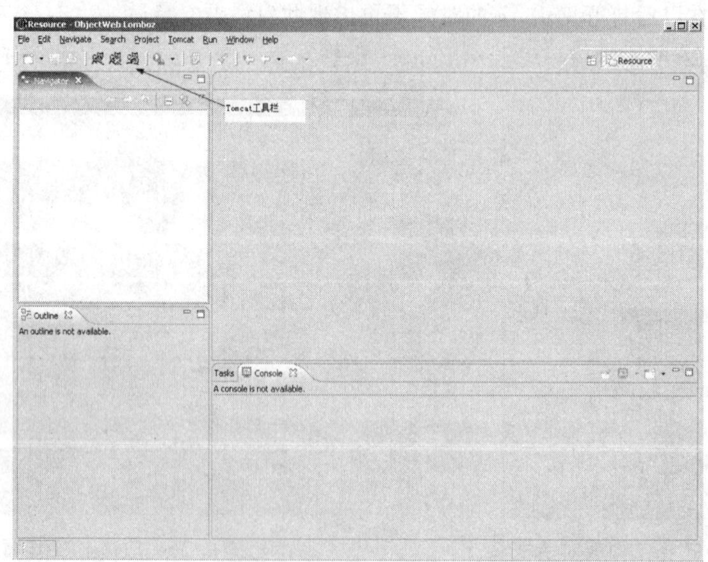

图 2-28　安装完 Tomcat 插件之后的 Eclipse 开发环境

3. Eclipse 环境配置

此时，Eclipse 需要做一些配置才可以正常使用。启动 Eclipse，打开“Window”菜单下的“Preference”选项，弹出如图 2-29 所示的窗口。首先设置 Tomcat 服务器，在左边的选项区域中选择 Tomcat，在右边的“Tomcat version”选项区域中选择 Tomcat 的版本为 Version 6.x 单选按钮，Tomcat home 文本框中的内容为已安装的 Tomcat 的路径，可以手写填入，或者单击 Browse

按钮进行选择。在 Context declaration mode 选项区域中，选择 Server.xml 单选按钮，选择 Configuration file 为 Tomcat 安装目录下 server.xml 文件的路径。设置完毕后，单击 OK 按钮。

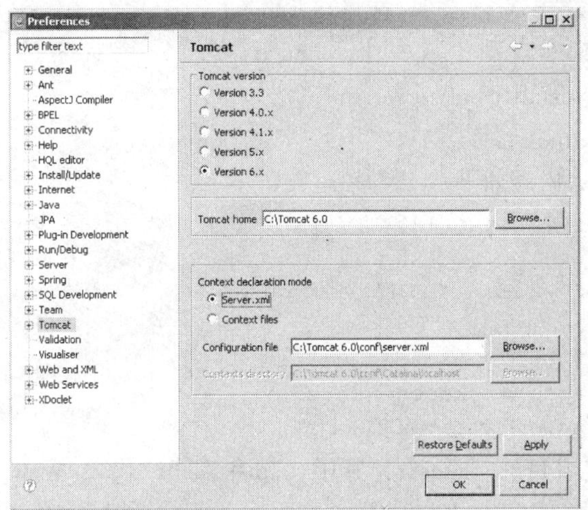

图 2-29　Eclipse 环境配置

2.5　创建第一个 JSP 程序

2.5.1　创建 Tomcat 项目

在 Eclipse 中创建一个 Tomcat 项目，编写一个 JSP 页面并运行。具体步骤如下：

（1）启动 Eclipse，选择 File→New 命令，在弹出的下拉菜单中选择 Project 命令，出现如图 2-30 所示的窗口，选择 Java 文件夹下的 Tomcat Project 选项，单击 Next 按钮。

（2）在文本框中输入项目名称 ch02，并确认项目的保存路径，单击 Next 按钮，如图 2-31 所示。

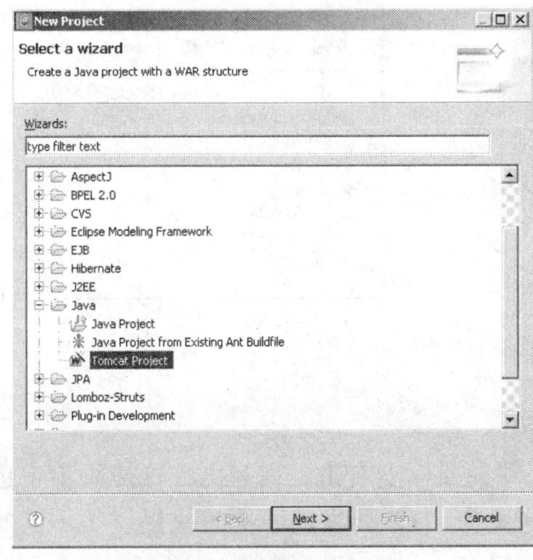

图 2-30　新建 Tomcat 项目

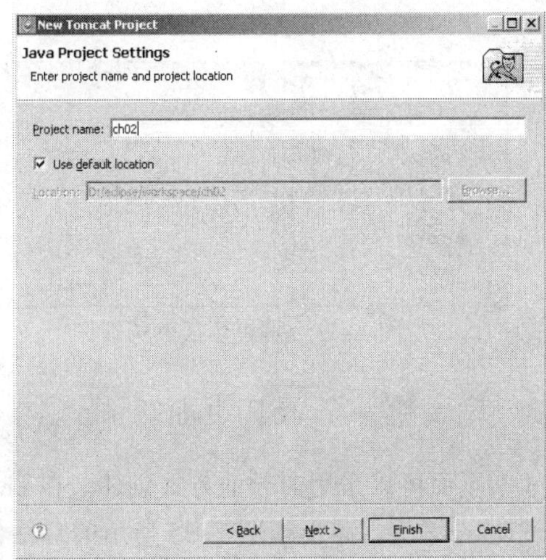

图 2-31　输入项目名称

（3）确认 Web 应用的根路径。在如图 2-32 所示的窗口中，会发现 Context name 的名称是刚输入的项目名，其余选择默认值，单击 Next 按钮。这将在 Tomcat 的配置文件 server.xml 中自动生成一个 Context。server.xml 位于{Tomcat_Install}\conf\server.xml（例如，C:\Tomcat 6.0\conf\server.xml）。

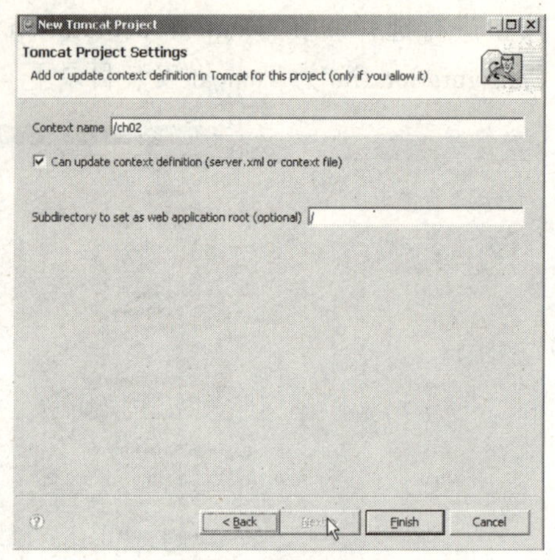

图 2-32　设置 Context

server.xml 中 Context 内容如下：

```
<!-- Tomcat Root Context -->
<!--
    <Context path="" docBase="ROOT" debug="0">
-->
<Context path="/ch02" reloadable="true"
docBase="D:\eclipse\workspace\ch02"
workDir="D:\eclipse\workspace\ch02\work" />
```

这部分主要是设定项目的 Context，其中 path="/ch02"代表 Web 应用的 URL 入口，即 http://IP_DomaninName/ ch02；docBase="D:\eclipse\workspace\ ch02"代表项目在硬盘上的实际位置；reloadable= “true” 则表示 Tomcat 在执行时，当 class、web.xml 被更新过，都会自动重新加载，不需要重新启动 Tomcat。

提示

（1）<Context>…</Context>的位置应在<Host>…</Host>之间，不可任意更改位置。

（2）在开发阶段，将 reloadable 属性设为 true，有助于调试 Servlet 和其他的 class 文件。但是由于这一功能会加重服务器的运行负荷，因此建议在 Web 应用的产品发布阶段，将这个属性设为 false。

（3）项目是否在透视图中打开，建议单击 No 按钮，如图 2-33 所示。

（4）在导航栏中，项目 ch02 结构如图 2-34 所示。

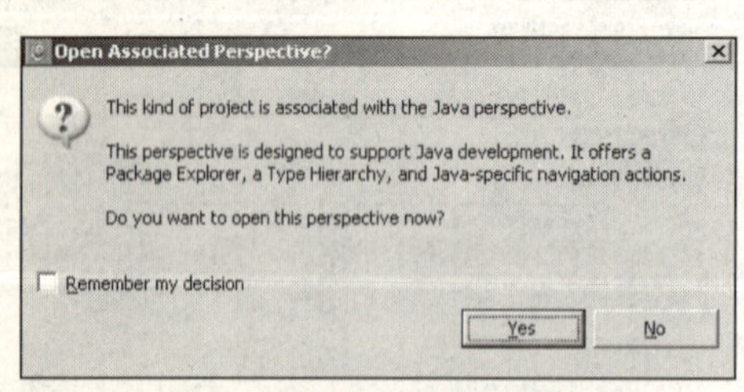

图 2-33　是否切换到透视图

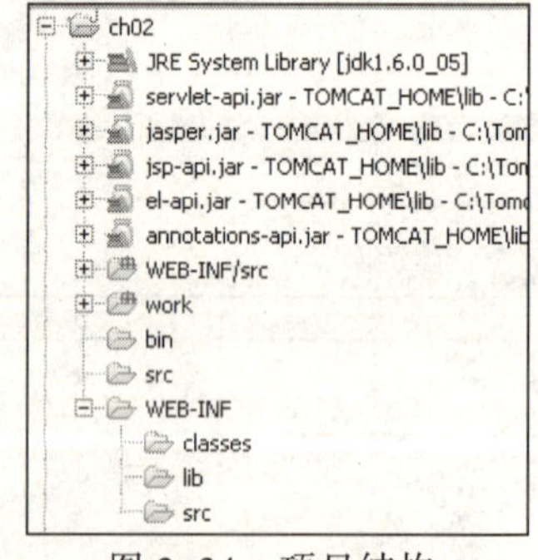

图 2-34　项目结构

2.5.2　输入第一个 JSP 页面

JSP 页面可以采用向导的方式创建。在 ch02 文件夹图标上右击，在弹出的快捷菜单中选择 New→Other 命令，弹出如图 2-35 所示的对话框，这里为 J2EE 开发的不同模块提供了不同的向导，展开 Web 文件夹，选择 JSP 选项，单击 Next 按钮。

接下来在弹出的对话框中输入 JSP 页面的名字，如 firstJSP.jsp，单击 Next 按钮，即进入选择 JSP 模板的对话框，如图 2-36 所示。在这里选择默认的带有 html 标记的 JSP 模板。

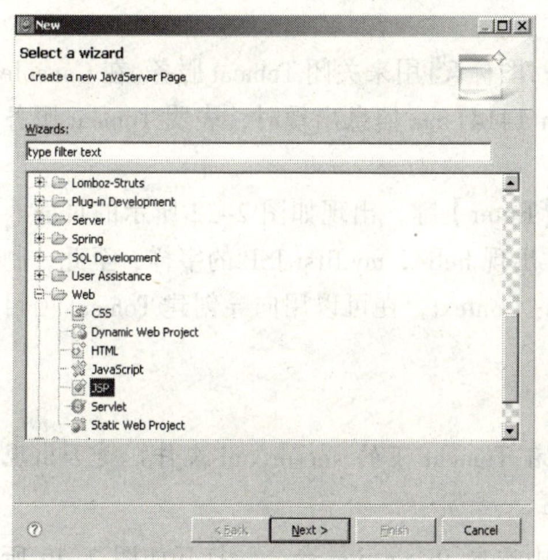

图 2-35　JSP 设计向导

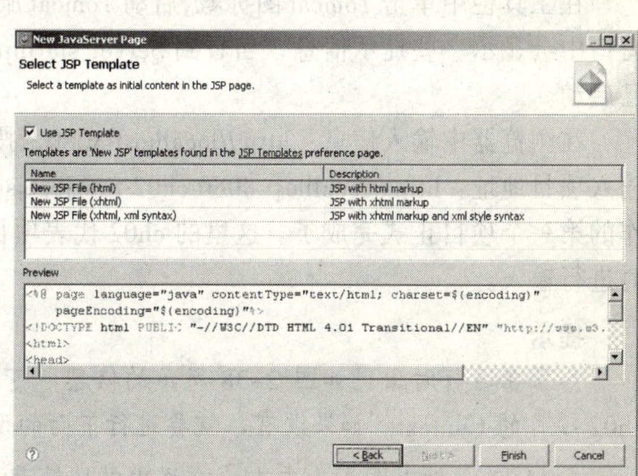

图 2-36　选择 JSP 模板

单击 Finish 按钮，此时根据 JSP 模板自动生成了如图 2-37 所示的内容。可以看出，位于标记<html>和</html>之间的是 HTML 文件的基本结构。

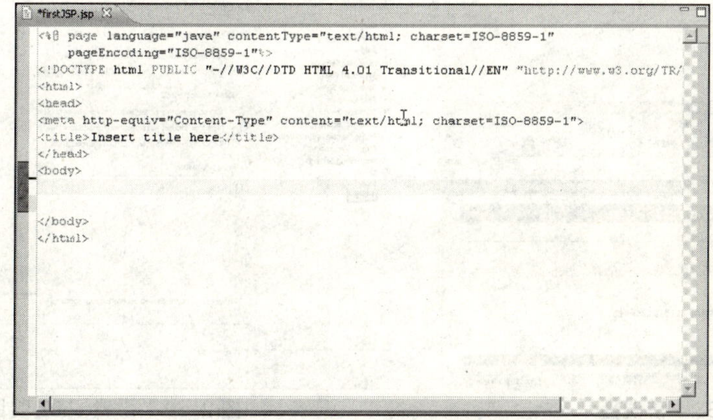

图 2-37　JSP 模板的内容

为了能在浏览器中显示信息，可以在标记<body>和</body>之间输入以下脚本片断，输入完毕，保存该页面，具体代码如例 2.2 所示。

【例 2.2】 firstJSP.jsp

```
<%@ page language="java" contentType="text/html; charset=gb2312"%>
<!DOCTYPE html PUBLIC"-//W3C//DTD HTML 4.01 Transitional//EN"
"http://www.w3.org/TR/html4/loose.dtd">
<html>
<head>
<title>Insert title here</title>
</head>
<body>
<%
out.println("hello,my first JSP");
%>
</body>
</html>
```

2.5.3 运行

在工具栏中单击 Tomcat 图标，启动 Tomcat 服务，图标用来关闭 Tomcat 服务。在 Console 窗口中会显示一些提示信息，当看到 Server startup in 14141 ms 信息出现时，表明 Tomcat 服务已启动。

在浏览器中输入信息：http://localhost:8080，按【Enter】键，出现如图 2–22 所示的页面。输入项目地址：http://localhost:8080/ch02/firstJSP.jsp，出现 hello，my first JSP!的字样，至此，制作的第一个项目正式完成了。这里的 ch02 代表项目的 Context，在可以用向导创建 Tomcat 项目时进行输入。

提示

如果在运行时出现如图 2–38 所示的信息，可查看 Tomcat 下的 server.xml 文件，是否出现 ch02 项目的 Context；如果没有，就要进行下面的设置。

在 ch02 文件夹图标上右击，在弹出的快捷菜单中选择 Properties 命令，打开如图 2–39 所示的窗口，在这个窗口中能够对 Tomcat 的属性进行设置，在这里填写的 Context name 内容将会在 server.xml 文件中自动生成 ch02 项目的 Context。

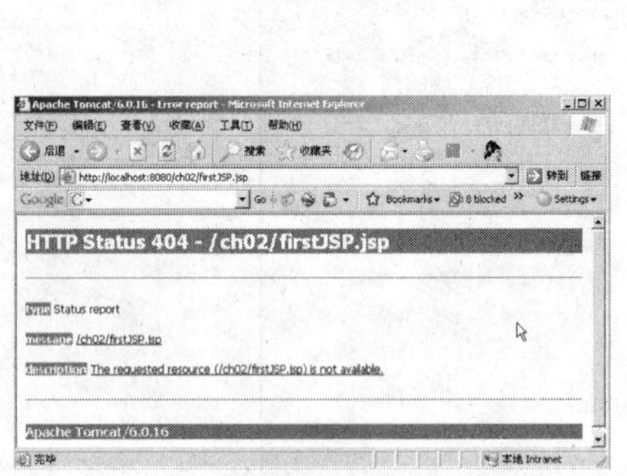

图 2–38 错误提示

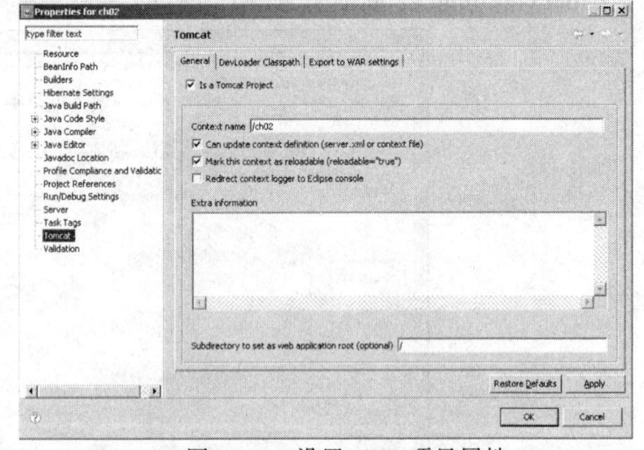

图 2–39 设置 ch02 项目属性

在左边的选项区域中选择 Tomcat 选项，查看右边的 General 选项卡是否有以下内容，填写好后单击 OK 按钮退出。

2.6 SQL Server 2000 的 JDBC 驱动安装

一个动态网站是离不开数据库的支持的，JSP 可以通过 JDBC（Java database connectivity）来实现对后台数据库的访问。

JSP 可以访问的数据库有很多，如 Microsoft SQL Server、Oracle、MySQL、DB2 等。除了要安装相应的数据库以外，还要安装数据库的驱动程序。对于不同的数据库需要下载不同的驱动程序，所以这些驱动程序大都由数据库的提供者所提供。本书使用的是 Microsoft SQL Server 2000 数据库。Microsoft SQL Server 2000 数据库的安装这里不做赘述，下面介绍 Microsoft SQL Server 2000 JDBC 驱动程序的下载及安装方法。

2.6.1　SQL Server 2000 驱动程序的配置

1. SQL Server 2000 JDBC 驱动的下载与配置

Microsoft 的官方网站提供了 SQL Server 2000 的 JDBC 驱动下载。双击下载的文件，安装界面如图 2-40 所示。默认的安装目录为 C:\Program Files\Microsoft SQL Server 2000 Driver for JDBC。

安装目录\lib\下的三个 jar 文件（msbase.jar、mssqlserver.jar、msutil.jar）是 JDBC 驱动的核心。这三个.jar 文件必须在 CLASSPATH 变量中列出。CLASSPATH 变量是 Java 虚拟机（JVM）用于在计算机上查找 JDBC 驱动程序的搜索字符串。如果驱动程序未在 CLASSPATH 变量中列出，尝试载入驱动程序时将出现以下错误信息：

```
java.lang.ClassNotFoundException: com.microsoft.jdbc.sqlserver.SQLServerDriver
```

为解决这个问题，需要打开“环境变量”对话框，在变量值后添加以下内容：

```
C:\Program  Files\Microsoft SQL Server 2000 Driver for JDBC\lib\mssqlserver.jar;
C:\Program Files\Microsoft SQL Server 2000 Driver for JDBC\lib\msutil.jar;
C:\Program Files\Microsoft SQL Server 2000 Driver for JDBC\lib\msbase.jar;
```

2. SQL Server 2000 SP4 补丁的下载与配置

SQL Server 2000 SP4 补丁可以在 Microsoft 的官方网站上下载。输入网址 http://www.microsoft.com/downloads/details.aspx?FamilyID=8e2dfc8d-c20e-4446-99a9-b7f0213f8bc5&DisplayLang=zh-cn 进行下载。下载完成后，安装好 SQL Server 2000 SP4 补丁。

3. SQL Server 2000 的 JDBC 驱动 SP3 的下载与配置

SQL Server 2000 的 JDBC 驱动的补丁同样可以在 Microsoft 的官方网站上下载。下载的文件名为 jdbc_sp3.exe，双击文件进行安装，安装界面如图 2-41 所示。

图 2-40　SQL Server 2000 的 JDBC 安装

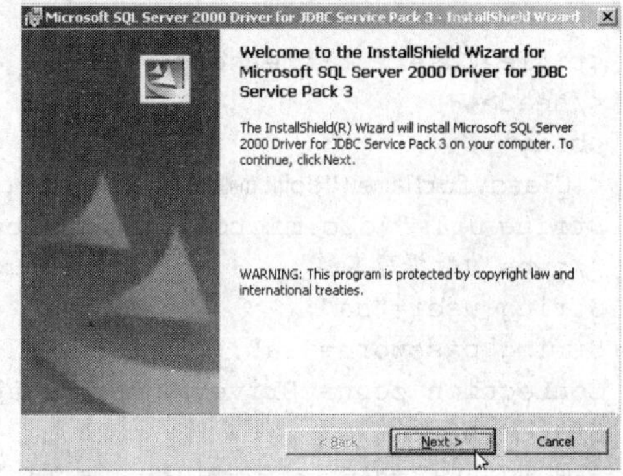

图 2-41　SQL Server 2000 的 JDBC SP3 安装

2.6.2　测试 SQL Server 2000 的 JDBC 驱动程序

安装完 Microsoft SQL Server 2000 JDBC 驱动程序后，可以通过两种方式把程序连接到数据库：使用连接 URL，或使用 JNDI 数据源。下面介绍如何使用连接 URL 配置和测试数据库连接。

① 在 ch02 项目中导入 SQL Server 的 JDBC 驱动的三个.jar 文件。导入后的项目结构如图 2-42 所示。

② 在项目属性对话框中，将以上三个.jar 文件加入到 Java 的构建路径中，如图 2-43 所示。

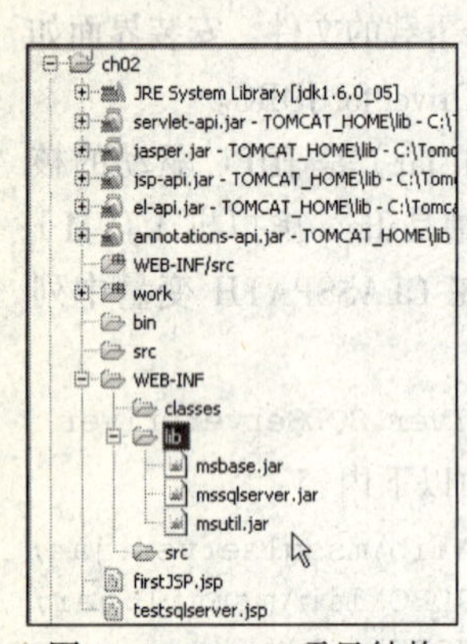

图 2-42　ch02 项目结构

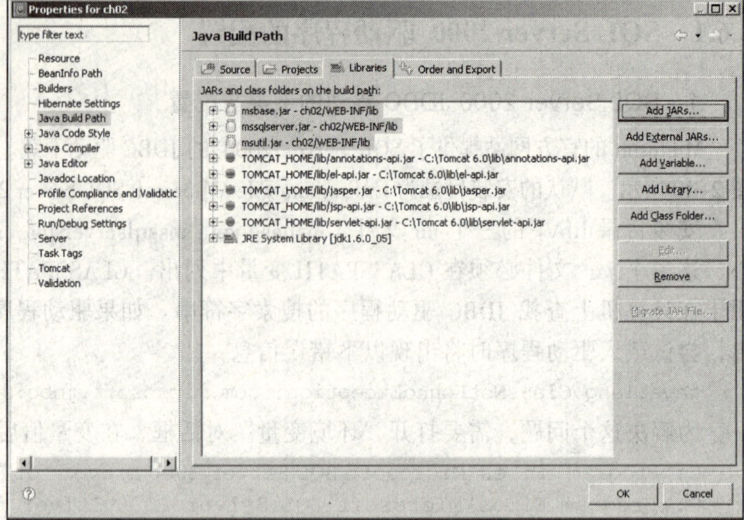

图 2-43　Java 的构建路径

然后新建 JSP 页面 testsqlserver.jsp，访问 SQL Server 2000 中自带的数据库 pubs，页面源代码如例 2.3 所示。

【例 2.3】testsqlserver.jsp

```
<%@ page language="java" contentType="text/html; charset=gb2312"
   pageEncoding="gb2312"%>
<%@ page import="java.sql.*"%>
<!DOCTYPE html PUBLIC "-//W3C//DTD HTML 4.01 Transitional//EN"
"http://www.w3.org/TR/html4/loose.dtd">
<html>
<head>
<title>Insert title here</title>
</head>
<body>
<%Class.forName("com.microsoft.jdbc.sqlserver.SQLServerDriver").newInstance();
String url="jdbc:microsoft:sqlserver://localhost:1433;DatabaseName=pubs";
//pubs 为数据库名称
String user="sa";
String password="sa";
Connection conn= DriverManager.getConnection(url,user,password);
Statement
stmt=conn.createStatement(ResultSet.TYPE_SCROLL_SENSITIVE,ResultSet.CONCUR_
UPDATABLE);
String sql="select * from sales";
ResultSet rs=stmt.executeQuery(sql);
while(rs.next()) {%>
您的第一个字段内容为：<%=rs.getString(1)%>
您的第二个字段内容为：<%=rs.getString(2)%>
<%}%>
<%out.print("数据库操作成功，恭喜你");%>
<%rs.close();
stmt.close();
conn.close();
```

```
%>
</body>
</html>
```

最后启动 Tomcat，在浏览器中输入信息：http://localhost:8080/testsqlserver.jsp，按【Enter】键，出现如图 2-44 所示的页面，表明操作数据库成功。

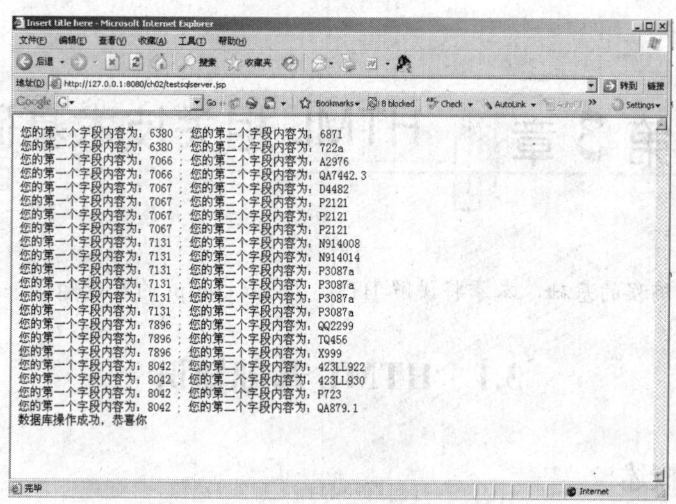

图 2-44　ch02 项目运行结果

小　结

本章介绍了 JSP 运行环境的构成、安装和配置，对本书用到的 JDK、Tomcat、Eclipse 作了相关介绍，并对各种容易出现的问题做了说明。本章最后介绍了在 Eclipse 中开发 JSP 动态网页的过程以及 SQL Server 2000 数据库的 JDBC 驱动的安装和测试。本章是后面各章学习的基础。

习　题

一、填空题

1. JSP 服务器操作环境的软件包括：__________、__________、__________、__________、__________。
2. JDK 在 JSP 环境中的作用：__________。
3. Tomcat 在 JSP 环境中的作用：__________。
4. 为了能够在 Eclipse 中方便地控制 Tomcat 应用服务器的状态，对 Java Web 程序进行编写和调试，应该__________。
5. 本书中，对于 Tomcat 服务器，地址 http://locallost:8080 对应的真实文件路径是__________。

二、问答题

1. 简述安装 JSP 环境所需的主要步骤。
2. JSP 运行环境的构成？
3. JSP 页面要访问 SQL Server 数据库，需要安装哪些程序？

第 3 章 HTML 相关技术基础知识

HTML 是网页编程的基础，本章将讲解 HTML 和 JavaScript 的基础知识。

3.1 HTML 基础知识

3.1.1 HTML 概述

HTML（hypertext mark-up language，超文本置标语言）还有 XHTML（可扩展超文本置标语言）。简单地说，它是一种新的、结构更加良好的 HTML。

HTML 用来表示 Web 文档的规范，是用于 Web 文档的格式化语言。HTML 通过标记来显示网页中的各个部分，以通知 Web 浏览器应该如何显示网页，即确定网页内容的格式。浏览器按照顺序阅读 HTML 文件，然后浏览器根据内容附近的 HTML 标记来解释和显示内容，这个过程称为语法分析。例如，如果为某段文字添加了<b></b>标记，浏览器将会以粗体字显示这段文字。

3.1.2 HTML 页面的基本结构

首先，通过例 3.1，认识一下 HTML 的基本结构。

【例 3.1】myFirst.htm

```
<html>
  <head>
    <title>我的第一个网站</title>
  </head>
  <body>
    <p>这是我的第一个网站。</p>
  </body>
</html>
```

在浏览器中运行程序，程序运行效果如图 3-1 所示。

说明：

这里的<html>是首标记，在 HTML 文档结尾处必须有相应的尾标记与之对应。

接下来需要为 HTML 文档写一个“头部（head）”，它提供关于当前文档的信息；然后写一个主体（body），它提供文档的内容。注意要把头部标记（<head>和</head>）放到主体标记（<body>和</body>）的前面。

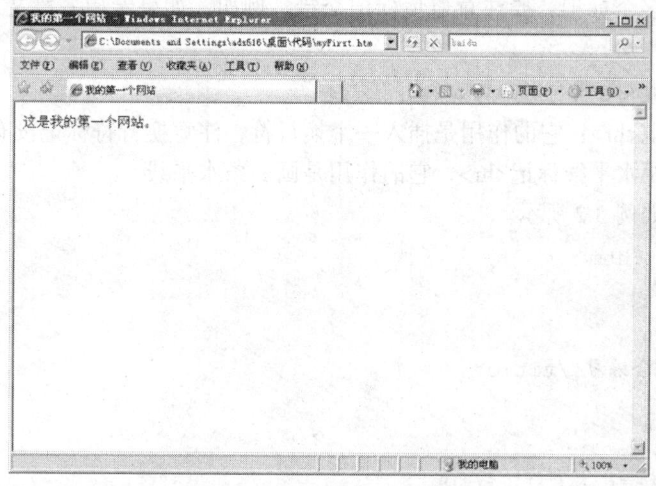

图 3-1　myFirst.htm 运行效果

用 title 元素来指定网页标题，网页标题（title）不是显示在网页里，而是显示在浏览器窗口的标题栏上，网页里显示的所有内容都必须放在 body 元素里。

3.1.3　HTML 常用标记

首先介绍 HTML 的重要成分：元素（element）。元素用于结构化 HTML 文档，并说明浏览器如何呈现网页。一般来说，元素由首标记（start tag）、内容（content）和尾标记（end tag）构成。标记（tag）用来指示元素的起始与结束。所有标记都具有相同的格式：以小于号“<”开头，大于号“>”结尾。

一般说来，包括两种标记：首标记（如<html>）和尾标记（如</html>）。它们唯一的区别在于，尾标记多一条斜杠“/”。通过将内容放在首标记和尾标记之间来对此内容进行标记。

在 HTML 中，也有例外的情况，即有些元素没有尾标记，这些元素被称做空元素（empty element），它们与具体文本内容无关，如换行标记：
。

大多数浏览器不介意标记是大写还是小写，或者混合大小写。因此，<HTML>、<html>或<HtMl>在浏览器上的显示效果都是一样的。但是，正确的写法是采用小写字母来书写标记。所以，要养成用小写字母书写标记的习惯。

HTML 的常用标记有字体、图片、列表、超链接、表格和表单等标记。

1．字体格式标记

与字体格式设置相关的标记包括：font、粗体、小字体、斜体等标记。

（1）字体标记<font>：可以用来设置字体的大小、颜色、字号等。格式为：

```
<font face="隶书" size=7 color="blue">xxxx</font>
```

其中，face、size、color 为 font 标记的属性，分别定义了字符××××的字体显示为隶书，字号是 7，颜色是蓝色。

（2）粗体标记<b>和</b>：把文本设为粗体。

（3）斜体标记<i>和</i>：把文本设为斜体。

（4）小字体标记<small>和</small>：把文本设为小字体。

可以同时应用多个标记，要注意避免标记交错。例如，如果希望一段文本即是粗体又是斜体，其代码如下：

```
<b><i>既是粗体又是斜体</i></b>
```

（5）换行符标记
：它的作用是插入一个换行符，注意换行符标记没有尾标记。

类似地，还有画水平线标记<hr>，它的作用是画一条水平线。

使用字体标记如例 3.2 所示。

【例 3.2】font.htm

```
<html>
  <head>
    <title>综合练习</title>
  </head>
  <body>
    <font size=7>大家好！</font>
    <font size=6>大家好！</font>
    <font color=blue>蓝色字体</font>
    <font face="隶书">大家好</font>
    写一些文字<br/>重起一行再写一些文字
    <p>大家好！</p>
    <hr/>
    <i>斜体</i>
    <b><i>粗斜体</i></b>
    <small>小字体</small>
    <br/>
  </body>
</html>
```

运行效果如图 3-2 所示。

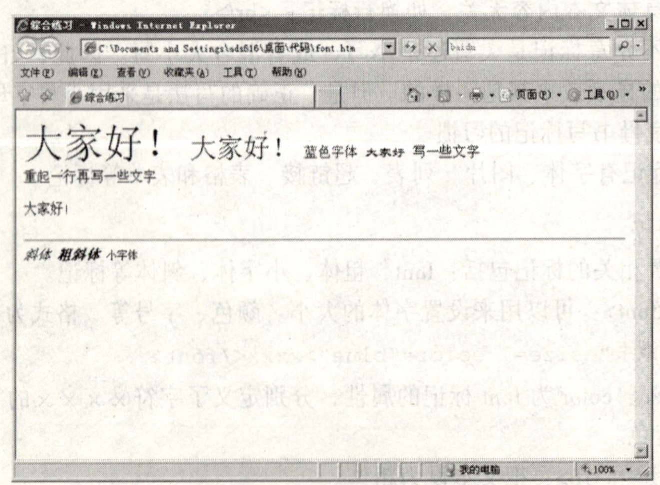

图 3-2　font.htm 运行效果

2. 列表标记

列表标记包括 ul、ol 和 li，其用于制作列表。

ul 代表“无序列表（unordered list）”，作用是为每个列表项显示一个粗点。ol 代表“有序列表（ordered list）”，作用是显示每个列表项的序号。用<li>元素把多个列表项组织为一个列表，其中的 li 代表“列表项（list.item）”。下面来做一个使用列表标记的例子。

【例 3.3】 ul.htm

```
<html>
  <head>
    <title>列表标记练习</title>
  </head>
  <body>
    <ul>
      <li>第一个列表项</li>
      <li>另一个列表项</li>
    </ul>
    <ol>
      <li>第一个列表项</li>
      <li>第二个列表项</li>
    </ol>
  </body>
</html>
```

运行效果如图 3-3 所示。

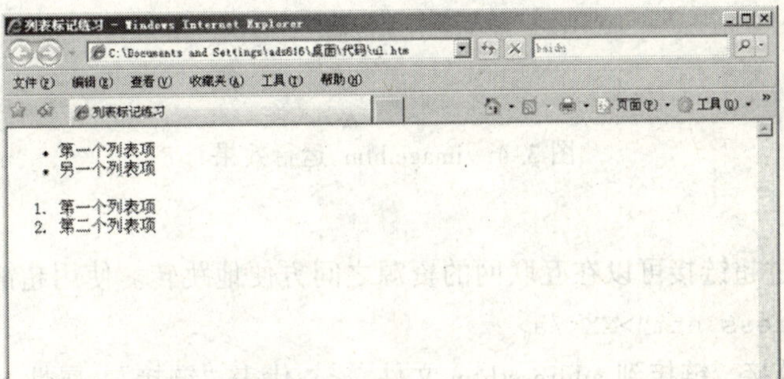

图 3-3　ul.htm 运行效果

3. 图片标记

图片标记用于在网页中插入一张图片。格式为：

```
<img src="myface.jpg" width="300" height="200" border="10" alt="我的笑脸图像">
```

src 代表图片 myface.jpg 的位置，最好是将图片文件与 HTML 文件放在同一个文件夹里，这样直接写出文件名即可，省略路径的输入。alt 属性用于给出图像的替用描述，假如由于某些原因该图像未能显示出来，浏览器就通过显示这个替用描述来替代图像。当网页打开很慢的时候，这一特性显得尤为重要。

下面是一个使用 img 标记的例子。

【例 3.4】 image.htm

```
<html>
  <head>
  </head>
  <body>
    <img src="myface.jpg" alt="我的笑脸图像" />
  </body>
</html>
```

运行效果如图 3-4 所示。

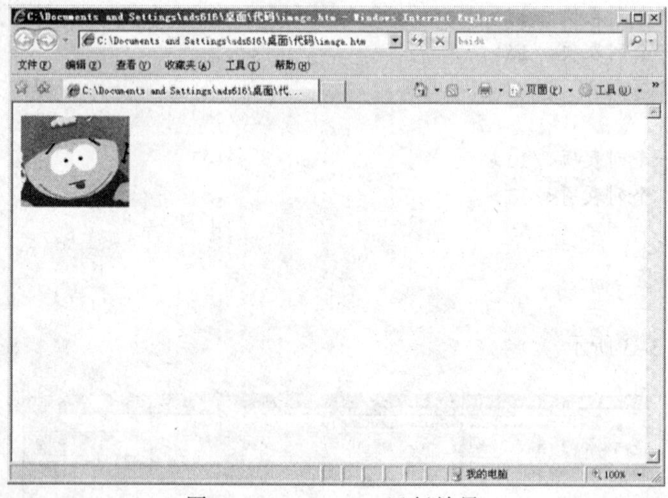

图 3-4　image.htm 运行效果

4．超链接标记

在 html 中，通过超链接可以在互联网的资源之间方便地跳转。使用超链接的格式为：

```
<a href="address.htm">XX</a>
```

××是一个超链接，链接到 address.htm 文件，<a>代表“链接”，属性 href 定义链接到哪一页，通常是一个因特网地址或者一个文件名。

下面是一个使用超链接的例子。

【例 3.5】 link.htm

```
<html>
  <head>
  </head>
  <body>
  <a href="image.htm"> 上一个例子</a>
    <a href="http://www.sina.com.cn/">这是一个指向 sina 的链接</a>
  </body>
</html>
```

程序中属性 href 的值为“http://www.sina.com.cn”，这是新浪网站的完整地址，也被称做 URL

（统一资源定位符），注意在 URL 里必须包含 "http://"。"这是一个指向 sina 的链接" 是这个链接在浏览器中显示出来的文本。当单击 "上一个例子" 链接时，即可自动转到 image.htm 文件。当单击 "这是一个指向 sina 的链接" 时，即可自动转到新浪网。该例在浏览器中的运行效果如图 3-5 所示。

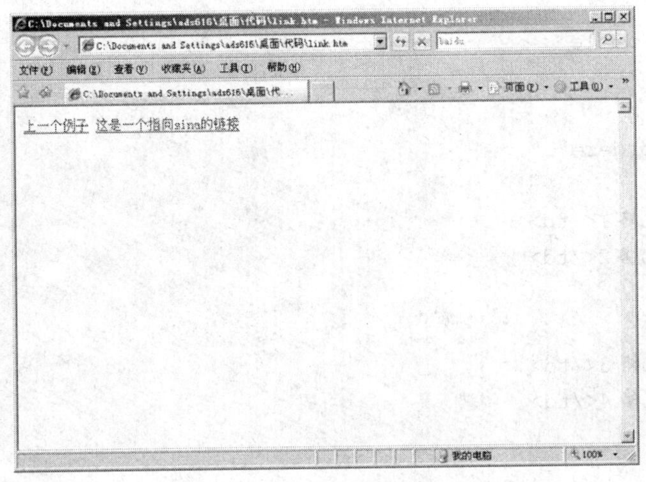

图 3-5　link.htm 运行效果

如果要在同一网站的不同网页间做链接，可不必拼写出网页的完整 URL。例如，有两个网页 page1.htm 和 page2.htm，而且它们被存放在同一个文件夹中，那么在做链接的时候，只要写出文件名即可。代码如下：

```
<a href="page2.htm">点击这里转到第 2 页</a>
```

如果 page2.htm 被放在下一级文件夹中（比如 subfolder），那么链接显示如下：

```
<a href="subfolder/page2.htm">点击这里转到第 2 页</a>
```

反过来，从 page2.htm（在下级文件夹中）到 page1.htm 的链接显示如下：

```
<a href="../page1.htm">转到第 1 页</a>
```

"../" 代表当前位置（即该链接所在文件处的文件夹）的上一级文件夹。同理，当前位置的上上级文件夹可用"../../"表示。如果给出完整 URL 也可以。

除了网页，链接还可以为 E-mail 地址做链接，具体用法如例 3.6 所示。

【例 3.6】 email.htm

```
<html>
<head>
</head>
  <body>
    <a href="mailto:aa@aa.com">给 aa@aa.com 发电子邮件</a>
  </body>
</html>
```

与指向网页的链接的区别在于：指向 E-mail 地址的链接必须以 mailto:开头，然后紧接着写 E-mail 地址。当单击这个链接的时候，缺省的 E-mail 程序将新建一封邮件，其中的收件人地址为链接中指定的 E-mail 地址。

5. 表格标记

表格用来显示表列数据，也就是一些逻辑上以行和列显示的信息。

【例 3.7】table.htm

```
<html>
  <head>
    <title></title>
  </head>
  <body>
    <table border="1" >
    <tr>
      <td>单元格 1</td>
      <td>单元格 2</td>
    </tr>
    <tr>
      <td>单元格 3</td>
      <td>单元格 4</td>
    </tr>
    </table>
  </body>
</html>
```

运行效果如图 3-6 所示。

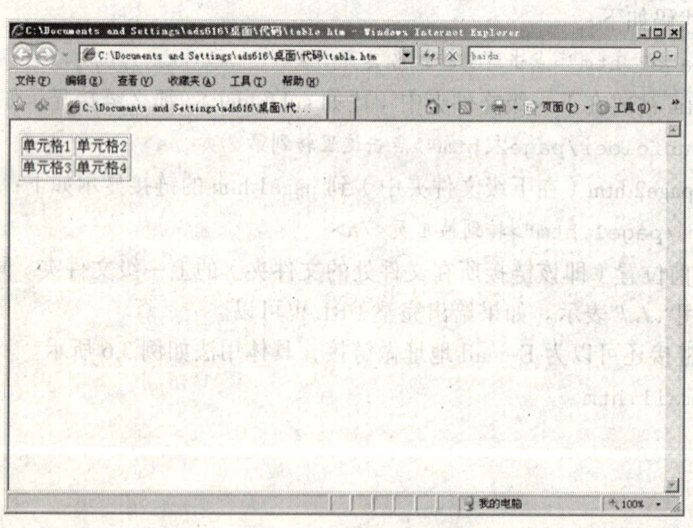

图 3-6 table.htm 运行效果

首标签<table>和尾标签</table>分别表示一个表格的开始与结束。tr 是“table row（表格行）”的缩写，用于表示一行的开始和结束。td 是“table data（表格数据）”的缩写，用于表示行中各个单元格（cell）的开始和结束。

表格的属性 border 用于指定表格四周边框的厚度；align 属性用于指定整个表格、某行或某个单元格中内容的水平对齐方式，如左对齐、居中或右对齐；Valign 属性用来指定某个单元格中内容的垂直对齐方式，如靠上、置中或靠下。

6. 表单标记

表单主要用于输入数据，实现系统与用户交互。表单的处理过程为：当单击表单中的提交按钮时，表单中的信息会上传到服务器中，然后由服务器端的应用程序（如 CGI、ASP、PHP、JSP）等进行处理，处理后将用户提交的信息储存在服务器端的数据库中，或者将有关信息返回到客户端浏览器上。

表单的通用格式：<form method= "Post" action= "do_submit.asp" >…</form>。表单元素包含在<form>标记中，method= "Post" 是传送信息的方式，可选值为 Post、Get。其中，Post 在浏览器的地址栏中不显示提交的信息，对传送的数据量大小没有限制；Get 在浏览器的地址栏中显示提交的信息，最大传输的信息量是 2KB，一般用 Post。action 属性设置把输入的信息提交到哪个文件。

表单元素包括一些控件，如经常用到的是文本框、密码框、多选框、单选框、下拉列表框、按钮等。格式：<input type= "类型名" name= "名称" > 。第一个参数 type 代表表单控件，如 type= "Text" 表示文本框，其他的可选值有 Radio（单选按钮）、Checkbox（复选按钮）、Password（输入密码的文本框）、Submit/Reset（提交，重设按钮）、Button（普通按钮）、Textarea（多行文本）、<Option>（下拉列表）等。下面来看一个表单的完整例子。

【例 3.8】 Form.htm

```
<FORM ACTION="do_submit.cgi" METHOD="POST">
姓名: <INPUT TYPE="TEXT" NAME="USERNAME"><BR>
密码: <INPUT TYPE="PASSWORD" NAME="USERPWD"><BR>
性别: <INPUT TYPE="RADIO" NAME="SEX" CHECKED>男
      <INPUT TYPE="RADIO" NAME="SEX">女 <BR>
血型: <INPUT TYPE="RADIO" NAME="BLOOD" CHECKED>O
      <INPUT TYPE="RADIO" NAME="BLOOD">A
      <INPUT TYPE="RADIO" NAME="BLOOD">B
      <INPUT TYPE="RADIO" NAME="BLOOD">AB <BR>
性格: <INPUT TYPE="CHECKBOX" CHECKED>内向
      <INPUT TYPE="CHECKBOX">外向<BR>
文件: <INPUT TYPE="FILE"><BR>
简介: <TEXTAREA ROWS="8" COLS="30"></TEXTAREA><BR>
城市: <SELECT SIZE=1>
      <OPTION>北京市</OPTION>
      <OPTION>上海市</OPTION>
      <OPTION>济南</OPTION>
      </SELECT><BR>
      <INPUT TYPE="BUTTON" VALUE="提交">
      <INPUT TYPE="SUBMIT" VALUE="提交">
      <INPUT TYPE="RESET" VALUE="RESET">
</FORM>
```

运行效果如图 3-7 所示。

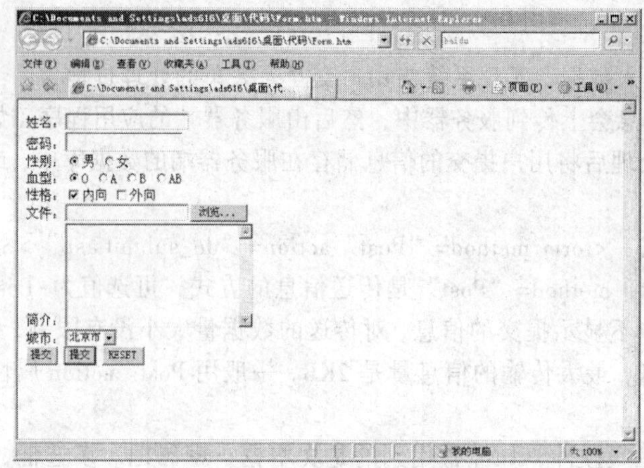

图 3-7 Form.htm 运行效果

3.1.4 页面布局（CSS）

CSS（cascading style sheets，样式表）在编码过程中，HTML 负责网页的具体内容，而 CSS 则修饰网页的表现形式。可以用 style 属性将 CSS 内连到网页中。例如，可以采用下面的方法来设置文字的字体类型和大小。

```
<p style="font-size:20px;">这里的文字大小为 20</p>
<p style="font-family:黑体;">这里的文字字体为黑体</p>
<p style="font-size:20px; font-family:黑体;">这里是文字大小为 20、采用黑体的文字</p>
```

但是这样做起来页面布局会过于烦琐。CSS 有一个优越的特性，即可以对页面布局进行集中管理。也就是说，不必在每个标记里都使用 style 属性；相反，可以只声明一次，浏览器便会按相应的页面布局效果来显示文本，我们看下面的例子。

【例 3.9】css.htm

```
<html>
  <head>
    <title>我的第一个 CSS 页面</title>
    <style type="text/css">
      h1 {font-size:30px; font-family:宋体;}
      h2 {font-size:15px; font-family:黑体;}
      p {font-size:8px; font-family:"隶书";}
    </style>
  </head>
  <body>
    <h1>我的第一个 CSS 页面</h1>
    <h2>欢迎参观我的第一个 CSS 页面</h2>
    <p>你可以在这里了解 CSS 的原理</p>
  </body>
</html>
```

程序运行效果如图 3-8 所示。

图 3-8　css.htm 运行效果

在例 3.9 中文档的头部（head）插入了 CSS，将应用于整个页面。要将 CSS 嵌入文档，只需通过标记<style type="text/css">通知浏览器该段为 CSS 即可。上例 3.9 中，所有一级标题（h1）采用宋体，字体大小为 30（像素）；所有二级标题（h2）采用黑体，字体大小为 15（像素）；普通段落文字（p）采用隶书，字体大小为 8（像素）。

另一种使用 CSS 的方法，是将 CSS 代码单独作为一个文档保存。通过把 CSS 文档独立出来，就可以同时对多个页面的布局进行集中管理。如果要对一个大型网站上的大量网页做字体类型或大小的修改，那么这个方法比较好。

CSS 的作用不仅仅是指定字体类型大小颜色等，还可以控制页面设置与表现形式（边距、漂浮、对齐、宽度、高度等）。通过为不同元素设置不同的 CSS，可以令页面布局精密而美观。

此处只是对 CSS 做简要的介绍。想要做更详细地了解可以参考介绍 CSS 的相关书籍。

3.2　JavaScript 基础知识

JavaScript 是由 Netscape 公司开发并随 Navigator 导航者一起发布的，介于 Java 与 HTML 之间基于对象事件驱动的编程语言。

3.2.1　JavaScript 语言概况

JavaScript 是一种脚本语言。使用其目的是与 HTML 超文本置标语言、Java 脚本语言（Java 小程序）一起实现在一个 Web 页面中链接多个对象，与 Web 客户交互作用，从而可以开发客户端的应用程序等。它是通过在标准的 HTML 语言中嵌入或调入实现的。JavaScript 具有如下几个基本特点：

1．脚本编写语言

JavaScript 是一种脚本语言，其采用小程序段的方式实现编程。像其他脚本语言一样，JavaScript 同样已是一种解释性语言，提供了一个易于开发的过程。

JavaScript 基本结构形式与 C、C++、VB、Delphi 十分类似。但不像这些语言，需要先编译，而是在程序运行过程中被逐行地解释。其与 HTML 标识结合在一起，从而方便用户的使用操作。

2．基于对象的语言

JavaScript 是一种基于对象的语言，同时也可以看做一种面向对象的程序。这意味着它能运用自己已经创建的对象。因此，许多功能可以来自于脚本环境中对象的方法与脚本的相互作用。

3．简单性

JavaScript 的简单性主要体现在：首先是一种基于 Java 基本语句和控制流之上的简单而紧凑的设计，而且对于学习 Java 是一种非常好的过渡。其次其变量类型是采用弱类型，并未使用严格的数据类型。

4．安全性

JavaScript 是一种安全性语言，它不允许访问本地硬盘，并不能将数据存入到服务器上，不允许对网络文档进行修改和删除，只能通过浏览器实现信息浏览或动态交互。从而有效地防止数据的丢失。

5．动态性

JavaScript 是动态的，它可以直接对用户或客户的输入做出响应，无须经过 Web 服务程序。它对用户的反映响应，是采用以事件驱动的方式进行的。所谓事件驱动，就是指在主页（home page）中执行了某种操作所产生的动作，就称为“事件”（event）。例如，按下鼠标、移动窗口、选择菜单等都可以视为事件。当事件发生后，有些会引起相应的事件响应。

6．跨平台性

JavaScript 是依赖于浏览器本身，与操作环境无关，只要计算机支持浏览器运行，并支持 JavaScript 浏览器就可正确执行命令。

3.2.2 网页中引入 JavaScript

下面通过编写一个 JavaScript 程序说明 JavaScript 的脚本是如何被嵌入到 HTML 文档中的。

【例 3.10】firstJspt.htm

```
<html>
  <head>
    <Script Language ="JavaScript">
      alert("这是第一个 JavaScript 例子!");
      alert("欢迎你进入 JavaScript 世界!");
      alert("今后我们将共同学习 JavaScript 知识!");
    </Script>
  </Head>
</Html>
```

在浏览器中运行后，连续弹出三个对话框显示“这是第一个 JavaScript 例子!”、“欢迎你进入 JavaScript 世界!”、“今后我们将共同学习 JavaScript 知识！”。

说明：

JavaScript 代码由<Script Language ="JavaScript">...</Script>说明。在标记<Script Language = “JavaScript”>...</Script>之间可以加入 JavaScript 脚本。

alert()是 JavaScript 的窗口对象方法，其功能是弹出一个带有 OK 对话框并显示“（）”中的字符串。

3.2.3　JavaScript 基本数据结构

JavaScript 提供脚本语言的编程与 C++非常相似，只是去掉了 C 语言中有关指针等容易产生的错误，并提供了功能强大的类库。

JavaScript 脚本语言同其他语言一样，有基本数据类型、表达式和算术运算符以及程序的基本框架结构。JavaScript 提供了四种基本的数据类型用来处理数字和文字。

1．基本数据类型

在 JavaScript 中四种基本的数据类型：数值（整数和实数）、字符串型（用“”号或‘’括起来的字符或数值）、布尔型（使 True 或 False 表示）和空值。在 JavaScript 的基本类型中的数据可以是常量，也可以变量。由于 JavaScript 采用弱类型的形式，因而一个数据的变量或常量不必先做声明，而是在使用或赋值时确定其数据的类型。也可以先声明该数据的类型，它是通过在赋值时自动说明其数据类型的。

2．变量

JavaScript 定义变量只有一个关键字“Var”，在 JavaScript 中定义一个变量的语法为：

```
var mytest;
```

注意：

（1）在 JavaScript 中，变量可以不做声明，而在使用时再根据数据的类型来确定其变量的类型。

（2）JavaScript 变量可以在声明的同时赋值。对变量做声明的最大好处是能及时发现代码中的错误；因为 JavaScript 是采用动态编译的，而动态编译不容易发现代码中的错误，特别是变量命名的问题。

（3）对于变量还有一个重要性——变量的作用域。在 JavaScript 中同样有全局变量和局部变量。全局变量是定义在所有函数体之外，其作用范围是整个函数；而局部变量是定义在函数体之内，只对其函数是可见的，而对其他函数则是不可见的。

下面是定义字符串变量和定义整形变量的例子。

【例 3.11】 varExamp.htm

```
<HTML>
  <Head>
    <Script Language="JavaScript">
      var strWelcome="欢迎您!<br>";
      var iCounter=10;
      iCounter=iCounter+1;
    </Script>
  </Head>
  <body>
    <Script Language="JavaScript">
      document.write(strWelcome);
```

```
        document.write(iCounter);
      </Script>
    </body>
  </HTML>
```

使用 var 关键字定义变量，如果赋值是字符串，那么该变量就是字符串变量，如果赋值是整数，那么该变量就是整形变量。运行效果如图 3-9 所示。

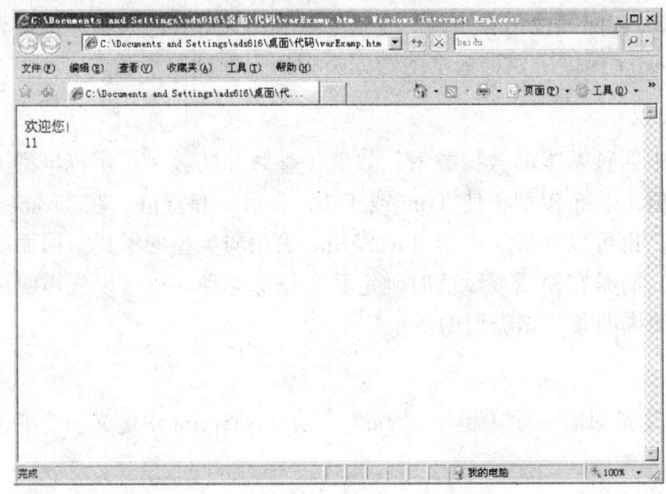

图 3-9　varExamp.htm 运行效果

JavaScript 中的变量命名要注意如下几点：

（1）变量名以字母开头，中间可以出现数字。除下画线作为连字符外，变量名称不能有空格、（ + ）、（ - ）、（ , ）或其他符号。

（2）不能使用 JavaScript 中的关键字作为变量名。

（3）在 JavaScript 中定义了 40 多个关键字，这些关键字是供 JavaScript 内部使用的，不能作为变量的名称。如 Var、int、double、true 不能作为变量名。

（4）在对变量命名时，最好把变量的意义与其代表的意思对应起来，避免出现错误。

3．表达式和运算符

（1）表达式是变量、常量、布尔及运算符的集合，可以分为算术表述式、字符串表达式、赋值表达式以及布尔表达式等。

（2）运算符是完成操作的一系列符号，在 JavaScript 中有算术运算符、比较运算符、逻辑布尔运算符、字符串运算符等。

① 算术运算符：JavaScript 中的算术运算符有单目运算符和双目运算符。

- 单目运算符：-（取反）、~（取补）、++（递加 1）、--（递减 1）。
- 双目运算符：+（加）、-（减）、*（乘）、/（除）、%（取模）、|（按位或）、&（按位与）、<<（左移）、>>（右移）、>>>（右移、零填充）。

算术运算符使用方法如例 3.12 所示。

【例 3.12】 arith1.htm

```
<HTML>
  <HEAD>
```

```
    <TITLE></TITLE>
  </HEAD>
  <BODY>
    <SCRIPT LANGUAGE="JavaScript">
      document.write(3+2);
      document.write("<br>");
      document.write(3*2);
      document.write("<br>");
      document.write(3/2);
      document.write("<br>");
      document.write(3-2);
      document.write("<br>");
      document.write(3%2);           //取余数
    </SCRIPT>
  </BODY>
</HTML>
```

程序运行效果如图 3-10 所示。

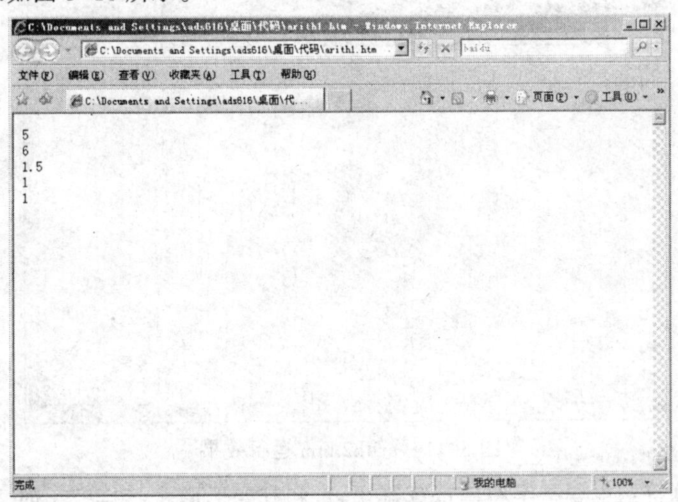

图 3-10　arith1.htm 运行效果

② 比较运算符：有 6 个比较运算符:<(小于)、>(大于)、<=(小于等于)、>=(大于等于)、==(等于)、!=(不等于)。

③ 逻辑布尔运算符：&（按位与）、^（按位异或）、|（按位或）、&&（逻辑与）、||（逻辑或）、!（逻辑非）

三目操作符主要格式为：操作数？结果 1：结果 2

说明：若操作数的结果为真，则表述式的结果为 1，否则为 2。

布尔运算符使用方法如例 3.13 所示。

【例 3.13】 arith2.htm

```
<HTML>
  <HEAD>
```

```
    <TITLE></TITLE>
  </HEAD>
  <BODY>
    <SCRIPT LANGUAGE="JavaScript">
      document.write(true&&false);
      document.write("<br>");
      document.write(false&&false);
      document.write("<br>");
      document.write(true||false);
      document.write("<br>");
      document.write(!false);
    </SCRIPT>
  </BODY>
</HTML>
```

程序运行效果如图 3-11 所示。

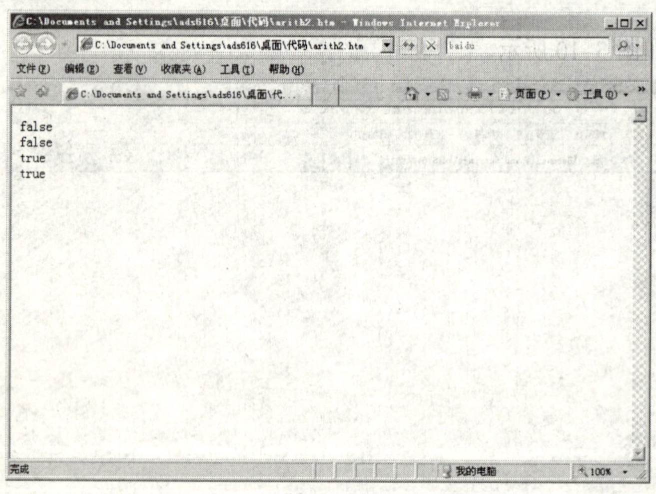

图 3-11　arith2.htm 运行效果

④ 字符串运算符：主要是字符串运算符“+”和其变形形式：“+=”。如“A = A + B”可以省略一个 A，写成“A += B”。字符串运算符的使用方法如例 3.14 所示。

【例 3.14】 string.htm

```
<HTML>
  <BODY>
    <SCRIPT LANGUAGE="JavaScript">
      var strHello="html 编程";
      var strResult="字符串示例";
      strResult+=strHello;
      document.write(strResult);
    </SCRIPT>
  </BODY>
</HTML>
```

程序运行效果如图 3-12 所示。

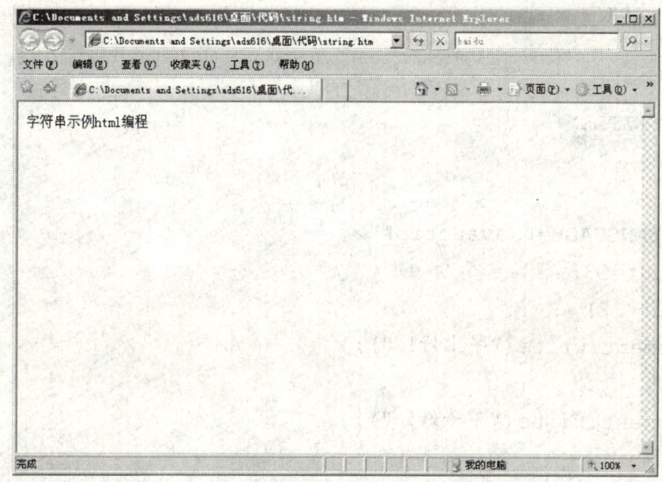

图 3-12　string.htm 运行效果

3.2.4　JavaScript 程序构成

JavaScript 脚本语言是由控制语句、函数、事件等来实现编程的。

1. JavaScript 控制语句

JavaScript 常用的控制语句有如下四种：

（1）if 条件语句。

基本格式：

```
if(表述式)
  语句段1;
else
  语句段2;
```

功能：若表达式为 true，则执行语句段 1；否则执行语句段 2。

（2）for 循环语句。

基本格式：

```
for(初始化;条件;增量)
   语句集;
```

功能：实现条件循环，当条件成立时，执行语句集，否则跳出循环体。

（3）while 循环语句。

基本格式：

```
while(条件)
     语句集;
```

功能：当条件成立时，执行语句集，否则执行下一条语句。

（4）break 和 continue 语句。

与 C++语言相同，使用 break 语句可使环从 for 或 while 中跳出，continue 使得跳过循环内剩余的语句而进入下一次循环。

下面是 if 语句的例子。

【例 3.15】if.htm

```
<HTML>
  <HEAD>
    <TITLE></TITLE>
  </HEAD>
  <BODY>
    <SCRIPT LANGUAGE="JavaScript">
     var iHour=13;
     if(iHour<12)
       {document.write("早上好! ");}
     else
       {document.write("下午好! ");}
    </script>
  </BODY>
</HTML>
```

2. JavaScript 函数

JavaScript 函数可以封装在程序中可能要多次用到的模块。JavaScript 函数在定义时并没有被执行，只有函数被调用时，其中的代码才真正被执行。

JavaScript 函数的基本语法如下：

```
function 函数名 （参数表）
{
    函数体;
    return 表达式;
}
```

当调用函数时，所用变量均可作为变元参数传递。参数表是传递给函数使用或操作的值，其值可以是常量、变量或其他表达式。函数结束时可以没有 return 语句。函数名对大小写是敏感的。下面例子说明如何定义和使用函数。

【例 3.16】function.htm

```
<HTML>
  <HEAD>
    <TITLE></TITLE>
    <SCRIPT LANGUAGE="JavaScript">
        function getSqrt(iNum)
        {
        var iTemp = iNum * iNum;
        document.write(iTemp);
        }
    </SCRIPT>
  </HEAD>
  <BODY>
    <SCRIPT LANGUAGE="JavaScript">
        getSqrt(8);
```

```
    </SCRIPT>
  </BODY>
</HTML>
```

3. JavaScript 事件概念及事件处理

JavaScript 中事件驱动中的事件是通过鼠标或热键的动作引发的。它主要有如下几个事件：

（1）单击事件 onClick。

当用户单击鼠标按钮时，产生 onClick 事件。同时 onClick 指定的事件处理程序或代码将被调用执行。通常在如下基本对象中产生：

- button（按钮对象）。
- checkbox（复选框）或（检查列表框）。
- radio（单选按钮）。
- reset buttons（复位按钮）。
- submit buttons（提交按钮）。

在 onClick 的等号后，可以使用自己编写的函数作为事件处理程序，也可以使用 JavaScript 中内置的函数，还可以直接使用 JavaScript 的代码等。例如：

```
<Input type="button" value=" " onclick=alert("这是一个例子")
```

（2）改变事件 onChange。

当利用 text 或 texturea 元素输入字符值改变时引发该事件，同时若在 select 表格项中的一个选项状态改变后也会引发该事件。

（3）选中事件 onSelect。

当 Text 或 Textarea 对象中的文字被加亮后，引发该事件。

（4）获得焦点事件 onFocus。

当用户单击 Text 或 textarea 以及 select 对象时，产生该事件。

（5）失去焦点 onBlur。

当 text 对象或 textarea 对象以及 select 对象不再拥有焦点而退到后台时，引发该文件，他与 onFocas 事件是一个对应的关系。

（6）载入文件 onLoad。

当文档载入时，产生该事件。onLoad 的作用之一是在首次载入一个文档时检测 Cookie 的值，并用一个变量为其赋值，使其可以被源代码使用。

（7）卸载文件 onUnload。

当 Web 页面退出时引发 onUnload 事件，并可更新 Cookie 的状态。

下面通过几个例子来加深理解 JavaScript 程序事件的相关知识。单击事件如例 3.17 所示。

【例 3.17】 clickEvent.htm

```
<HTML>
  <BODY>
    <form>
      <input type="button" value="单击" onclick="alert('鼠标单击')">
    </form>
  </BODY>
</HTML>
```

当单击鼠标的时候，自动弹出一个对话框，程序运行效果如图 3-13 所示。

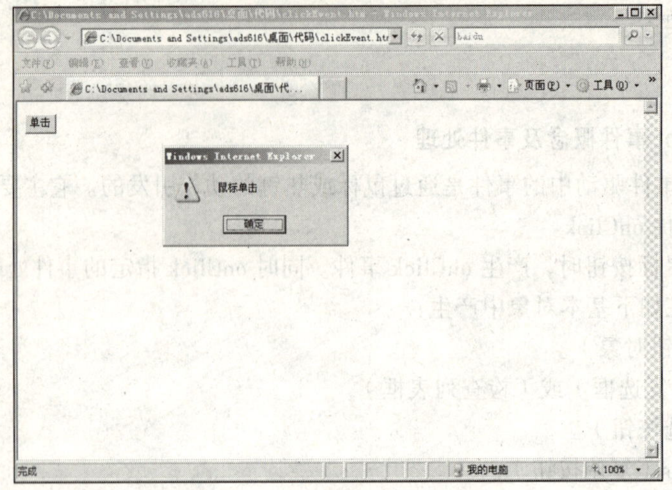

图 3-13　clickEvent.htm 运行效果

改变事件如例 3.18 所示。

【例 3.18】listEvent.htm

```
<HTML>
  <BODY>
    <SELECT NAME="selAddr" SIZE="1" ONCHANGE="func()">
    <OPTION SELECTED VALUE="北京">北京</OPTION>
    <OPTION VALUE="上海">上海</OPTION>
    <OPTION VALUE="广州">广州</OPTION>
    </SELECT>
    <SCRIPT LANGUAGE="JavaScript">
      function func()
        {alert("你选择了"+selAddr.value);}
    </SCRIPT>
  </BODY>
</HTML>
```

每个下拉列表的 option 项都有一个 value 值，当选择某项时读出的是 value 属性的值，本例程序运行效果如图 3-14 所示。

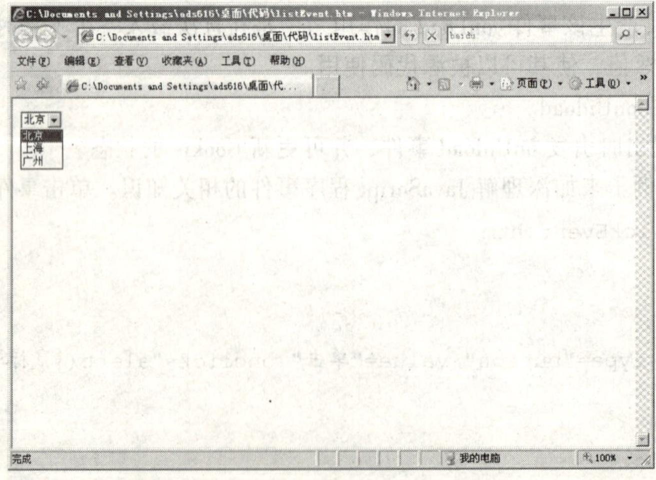

图 3-14　listEvent.htm 运行效果

3.2.5　JavaScript 内置对象

JavaScript 提供了 string（字符串）、math（数值计算）和 Date（日期）三种内置对象和其他相关的一些方法。

1．串对象（string）

- string 对象的使用格式为：objectName.property/methods。
- string 对象属性：length。表明了字符串中的字符个数，包括所有符号。
- string 对象方法：有关字符串在 Web 页面中的显示、字体大小、字体颜色、字符的搜索以及字符的大小写转换。使用 string 对象的语法如例 3.19 所示。

【例 3.19】strFunction.htm

```
<HTML>
  <HEAD>
    <TITLE></TITLE>
  </HEAD>
  <BODY>
    <script language="JavaScript">
      var str="I am a boy, I like programming!";
      a=str.charAt(7);
      b=str.indexOf("a");
      c=str.lastIndexOf("a");
      d=str.toUpperCase();
      document.write(a+"<br>");
      document.write(b+"<br>")
      document.write(c+"<br>")
      document.write(d+"<br>")
    </script>
  </BODY>
</HTML>
```

程序运行效果如图 3-15 所示。

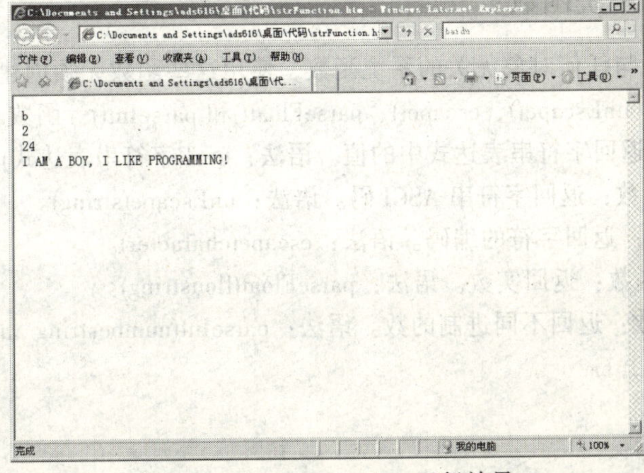

图 3-15　strFunction.htm 运行效果

2．算术对象（math）

提供除加、减、乘、除以外的一些自述运算。如对数、平方根等。

3．日期及时间对象（Date）

Date 对象提供有关日期和时间的对象。使用前必须用 new 运算符创建一个实例。例如：

```
var MyDate=New Date();
```

Date 对象提供了两类方法：从系统中获得当前的时间和日期、设置当前日期和时间。使用 Date 对象的语法如例 3.20 所示。

【例 3.20】time.htm

```
<HTML>
  <HEAD>
    <TITLE></TITLE>
  </HEAD>
  <BODY>
    <SCRIPT LANGUAGE="JavaScript">
      var curr=new Date();
      document.write("今天是");
      switch(curr.getDay()){
        case 0:document.write("今天是周日！");break;
        case 1:document.write("今天是周一");break;
        case 2:document.write("今天是周二");break;
        case 3:document.write("今天是周三");break;
        case 4:document.write("今天是周四");break;
        case 5:document.write("今天是周五");break;
        case 6:document.write("今天是周六");break;}
    </SCRIPT>
  </BODY>
</HTML>
```

3.2.6 JavaScript 系统函数

JavaScript 提供了与任何对象无关的系统函数，使用这些函数无须创建任何实例即可使用。JavaScript 包括 eval()、unEscape()、escape()、parseFloat()和 parseInt()等函数。

（1）eval()函数：返回字符串表达式中的值。语法：eval(字符串表达式)。

（2）unEscape()函数：返回字符串 ASCI 码。语法：unEscape(string)。

（3）escape()函数：返回字符的编码。语法：escape(character)。

（4）parseFloat()函数：返回实数。语法：parseFloat(floustring)。

（5）parseInt()函数：返回不同进制的数。语法：parseInt(numbestring ,rad.X)。

【例 3.21】eval.htm

```
<HTML>
  <HEAD>
    <TITLE></TITLE>
```

```
  </HEAD>
  <BODY>
    <SCRIPT LANGUAGE="JavaScript">
      var str="1+2+3";
      document.write(eval(str));
    </SCRIPT>
  </BODY>
</HTML>
```

3.2.7 对象层次及 DOM 模型

浏览器对象有一定的层次，也就是一定的从属关系。在从属关系中浏览器对象 window 反映的是一个完整的浏览器窗口，它是其他大部分对象的祖先。window 对象包括 location、history 和 document 等。document 对象还有下一级对象，包括：forms，links 及 anchors 等，层次结构如图 3-16 所示。

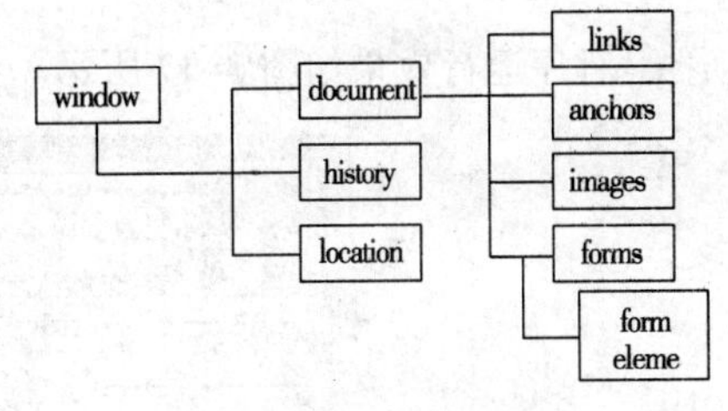

图 3-16　DOM 模型

在使用 IE 浏览器载入一个网页时，浏览器会根据网页的内容产生一些相应的对象提供给 JavaScript 使用。另外，根据浏览器自身的配置和属性，还有一些其他对象可提供给 JavaScript 程序使用。这样的浏览器对象主要包括如下几类：

（1）window 对象：处于整个从属表的顶级位置。每一个这样的对象都代表一个浏览器窗口。

（2）document 对象：含有当前网页的各种特性，如标题、背景及使用的语言等。

（3）location 对象：含有当前网页的 URL 地址。

（4）history 对象：含有以前访问过网页的 URL 地址。

（5）forms 对象：从属于浏览器对象 document 的一个数组，为处理表单及其中的界面对象提供属性和方法，每一个表单是这个数组中的一个单独元素。

（6）anchors 对象：从属于浏览器对象 document 的一个数组，为处理锚提供属性和方法，每一个锚就是这个数组中的一个元素。

（7）links 对象：从属于浏览器对象 document 的一个数组，为处理超链接提供属性和方法，每一个超链接就是这个数组中的一个元素。

DOM（document object model，文档对象模型）提供了文档的定位模型。当读取 form 表单中的某一个元素的时候，就要用到 DOM 进行定位。DOM 定义的方法如例 3.22 所示。

【例 3.22】dom.htm

```
<HTML>
  <HEAD>
    <SCRIPT LANGUAGE="JavaScript">
      function do_Copy(){
        var str=frm1.txtBox1.value;
```

```
        frm2.txtBox2.value=str;}
    </SCRIPT>
  </HEAD>
  <BODY>
    <FORM NAME="frm1">
      <INPUT TYPE="TEXT" NAME="txtBox1" >
      <INPUT TYPE="BUTTON" VALUE="复制" ONCLICK="do_Copy()">
    </FORM>
    <FORM NAME="frm2">
      <INPUT TYPE="TEXT" NAME="txtBox2">
    </FORM>
  </BODY>
</HTML>
```

程序运行效果如图 3-17 所示。

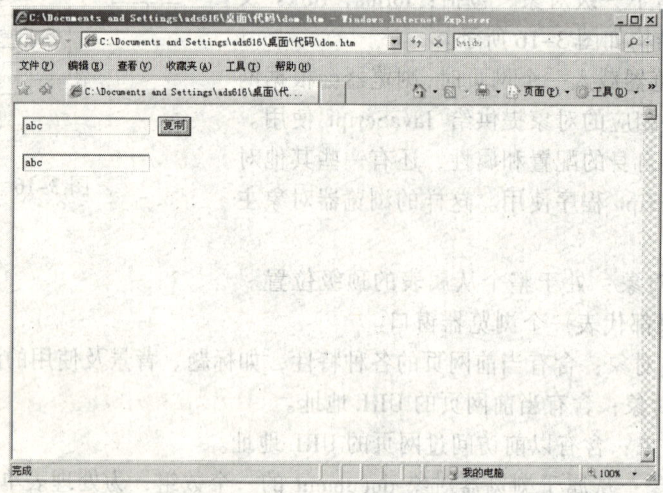

图 3-17 dom.htm 运行效果

下面详细介绍 window、location、history 对象的使用。

1. window 对象

window 对象是浏览器对象中大部分对象的祖先，下面列出一些常用 window 对象的方法。

（1）open(URL,windowName,parameterList)：创建一个新的浏览器窗口，并在新窗口中载入一个指定的 URL 地址。

（2）close()：方法关闭一个浏览器窗口。

（3）alert()：弹出一个消息框。

（4）confirm()：弹出一个确认框。

（5）promt()：弹出一个提示框。

（6）setTimeout(expression, time)：定时设置，在一定的时间后自动执行 expression 的代码，使用 time 设置时间，单位是毫秒。

（7）clearTimeout(timer)：取消利用 setTimeout 的定时设置。

（8）setIntervel(expression, time)：设定一个时间间隔，可以定时反复的自动执行 expression 描述的代码，使用 time 设置时间，单位是毫秒。

使用 window 对象来打开一个新窗口，如例 3.23 所示。

【例 3.23】window.htm

```
<HTML>
  <HEAD>
    <TITLE></TITLE>
    <SCRIPT LANGUAGE="JavaScript">
        functionnew_win(){window.open("dom.htm","my","toolbar=no,left=150,
        top=200,menubar=no,width=150,height=150");}
    </SCRIPT>
  </HEAD>
  <BODY onload="new_win()">
  </BODY>
</HTML>
```

程序运行效果如图 3-18 所示。

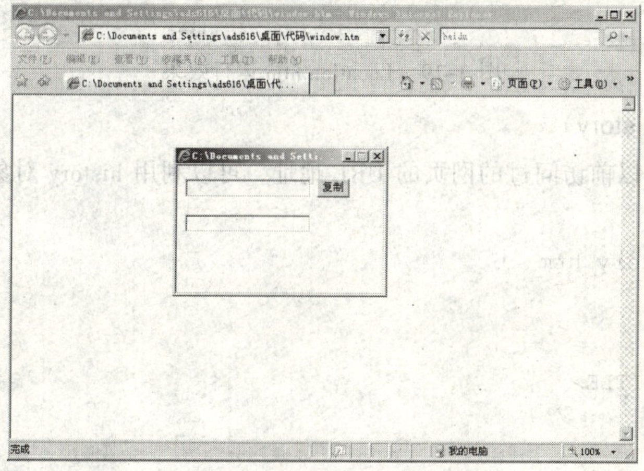

图 3-18 window.htm 运行效果

2. 位置对象（Location）

Location 对象提供了与当前打开的 URL 一起工作的方法和属性，是一个静态的对象。

【例 3.24】Location.htm

```
<HTML>
 <HEAD>
   <TITLE></TITLE>
   <SCRIPT LANGUAGE="JavaScript">
     function test_location(){
     window.location="dom.htm";}
   </SCRIPT>
 </HEAD>
 <BODY>
   <FORM NAME="frm">
```

```
    <INPUT TYPE="BUTTON" VALUE="超级链接" ONCLICK="test_location()">
    </FORM>
  </BODY>
</HTML>
```

程序运行效果如图 3-19 所示，单击按钮将链接到 dom.htm 页面。

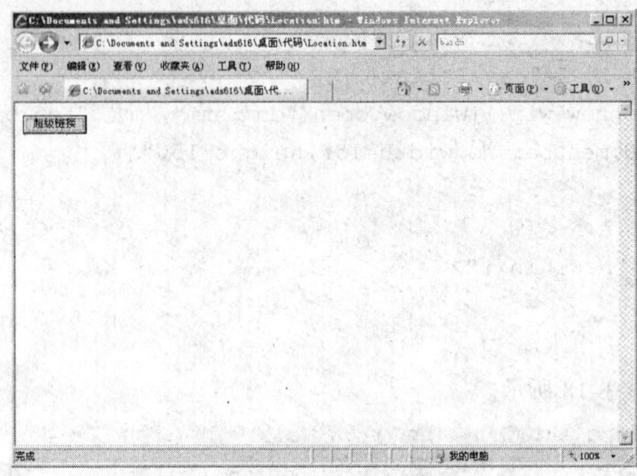

图 3-19 Location.htm 运行效果

3. 历史对象（History）

History 对象包含以前访问过的网页的 URL 地址，可以利用 history 对象实现网页的前进和后退如例 3.25 所示。

【例 3.25】History.htm

```
<HTML>
  <HEAD>
    <TITLE></TITLE>
  </HEAD>
  <BODY>
    <FORM NAME="frm">
    <INPUT TYPE="BUTTON" VALUE="后退" ONCLICK="goback()">
    <INPUT TYPE="BUTTON" VALUE="前进" ONCLICK="goforward()">
    </FORM>
    <SCRIPT LANGUAGE="JavaScript">
      function goforward(){
        history.go(1);}
      function goback(){
        history.go(-1)}
    </SCRIPT>
  </BODY>
</HTML>
```

程序运行效果如图 3-20 所示，前进后退按钮实现网页的前进或后退。

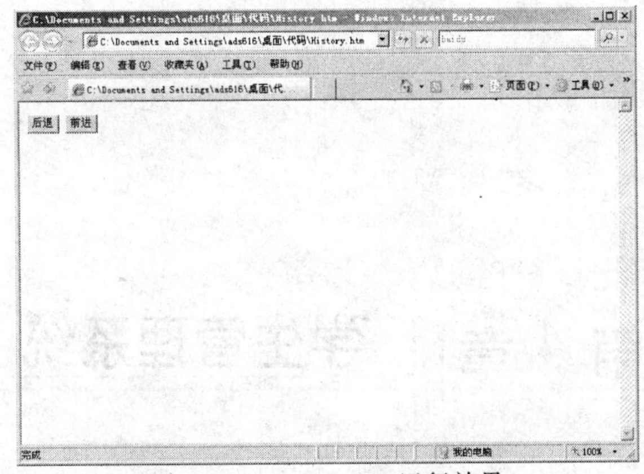

图 3-20　History.htm 运行效果

小　结

本章介绍了 HTML 和 JavaScript 的基本知识，详细介绍了 HTML 的基本结构、常用标记、CSS 样式表以及 JavaScript 的数据结构、内置对象和系统函数、DOM 模型等。本章是后面各章学习的基础。

习　题

一、填空题

1. 列举几种 HTML 的元素：________、________、________、________、________。
2. ________标记用于执行正文部分。<body>元素的________属性决定网页的背景颜色。
3. ________是“编号列表”。
4. 列举几个 JavaScript 的系统函数________、________。
5. 列举几个 JavaScript 的内部对象________、________。
6. 列举 Window 对象的常用方法________、________、________、________、________。

二、问答题

1. 用学过的 HTML 语句设计一个个人网页（包括个人的基本信息、照片、基本介绍等）。
2. 用表单语句设计一个填写个人信息的 HTML 页面。
3. JavaScript 与 Java 的区别是什么？
4. 用 JavaScript 解决阶乘求解问题。
5. 试用 JavaScript 求解百钱百鸡问题，例如，古时候有个小孩去买鸡，当时的公鸡是每只 5 文钱，母鸡每只 3 文钱，每 3 只小鸡 1 文钱，问 100 文钱买 100 只鸡，一共有多少种买法。

第4章 学生管理系统

本章通过学生管理系统中的一个案例，详细阐述项目开发的全过程。内容一开始就引进案例，而不是先介绍 JSP 的相关知识，是希望先给大家一个 JSP 项目的全貌，而不至于"管中窥豹、只见一斑"。我们希望读者在学习的过程中能自己在 Eclipse 中搭建这样的框架，通过项目实践逐渐理解 JSP 的精髓。

下面介绍一个在 Eclipse 中开发的基于 JSP 的 Web 应用程序。

4.1 系统分析

系统分析是信息系统开发工作中最重要的一环。系统分析的内容主要包括对组织内部整体管理状况和信息处理过程（侧重于具体业务全过程）进行分析。在系统分析中具体、详尽地了解实际工作部门的业务情况是基础，只有在对业务了解得非常透彻的前提下才有可能提出新的改进方案。

1. 系统需求分析

学生管理系统主要实现管理人员对学生信息的管理，主要功能有学生信息的添加、修改、删除、查询及添加登录用户等。

2. 系统架构

为便于后期的扩充及实现清晰的逻辑划分，学生管理系统采用 JSP+JavaBean+Servlet 的设计模式。通过 JSP 技术表现页面，Servlet 技术完成事务处理工作。

4.2 系统设计

系统设计是信息系统开发过程中的第二个重要阶段。在这一阶段中将根据前一阶段系统分析的结果，进行新系统设计。系统设计包括两个方面，首先是总体结构的设计，其次是具体物理模型的设计。

4.2.1 系统功能模块及流程图

根据学生管理系统的需求设计学生管理系统的相关模块，如图 4-1 所示。

再设计出学生管理系统的流程图，如图 4-2 所示。

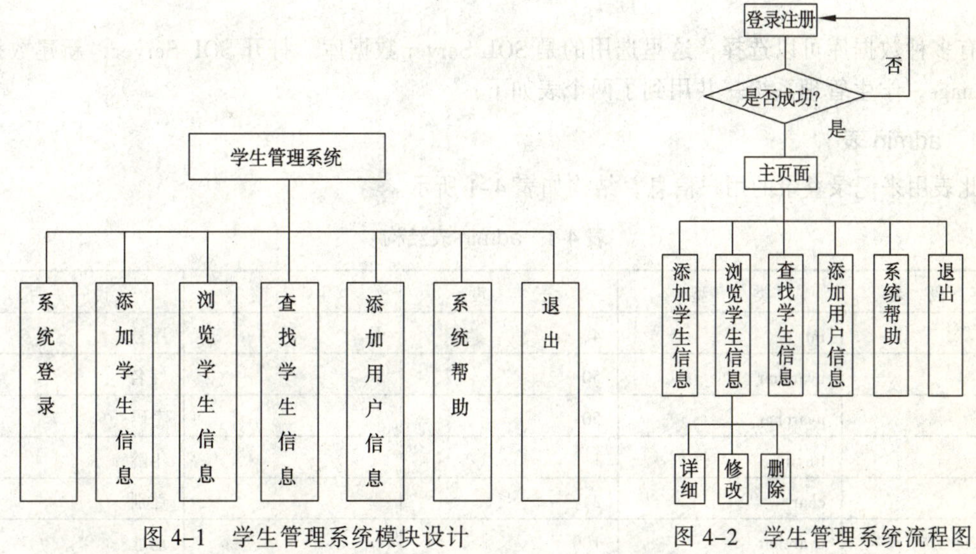

图 4-1　学生管理系统模块设计

图 4-2　学生管理系统流程图

4.2.2　配置系统

下面将提供的学生管理系统的源代码导入 Eclipse 中。在启动 Eclipse 前，先把学生管理系统的文件夹 studentManage 复制到 Eclipse\workspace 下，然后把 studentManage 导入到 Eclipse 中。操作步骤如下：

（1）启动 Eclipse，选择 File→Import 命令，出现如图 4-3 所示的对话框。选择默认选项，即将现有项目导入 Eclipse 的 workspace，单击 Next 按钮。

（2）在导入项目对话框中，选择 Select root directory 单选按钮，即选择根目录，这里选择 studentManage 所在的文件夹，如图 4-4 所示。选择完毕，单击 Finish 按钮，项目 studentManage 即被导入 Eclipse 中。

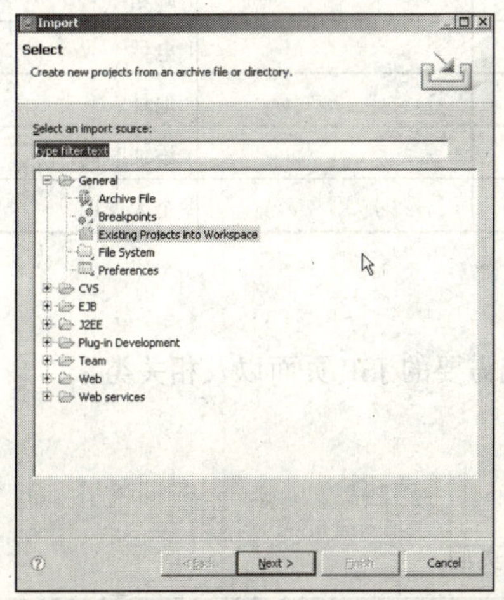

图 4-3　导入项目对话框

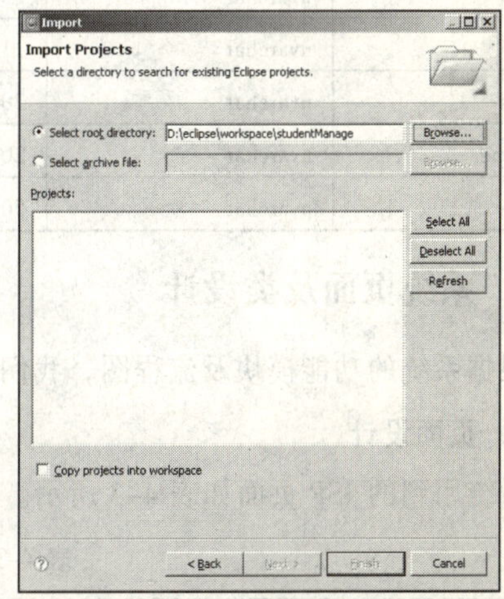

图 4-4　选择项目对话框

4.2.3 数据库设计

有多种数据库可以选择，这里选用的是 SQL Server 数据库。打开 SQL Server，新建数据库 stumanage，学生管理系统一共用到了两个表如下：

1. admin 表

此表用来记录登录的用户信息，结构如表 4-1 所示。

表 4-1 admin 表结构

字 段 名	类 型	长 度	主 键	说 明
Idx	int	4	是	序号
Nam	nvarchar	50		姓名
Pwd	nvarchar	50		密码
Age	tinyint	1		年龄
Sex	char	2		性别
Address	nvarchar	100		地址

2. student 表

此表用来记录学生信息，结构如表 4-2 所示。

表 4-2 student 表结构

字 段 名	类 型	长 度	主 键	说 明
idx	int	4	是	序号
nam	nvarchar	20		姓名
sex	char	2		性别
bir	nvarchar	10		生日
class	nvarchar	20		班级
email	nvarchar	50		邮箱
tel	nvarchar	11		电话
address	nvarchar	200		地址
join_time	nvarchar	20		添加时间
info	nvarchar	500		个人说明

4.2.4 系统页面及类设计

根据系统的功能模块及流程图，我们将设计出系统需要的 JSP 页面以及相关类。

1. 页面设计

系统用到的 JSP 页面如表 4-3 所示。

表 4-3 系统的 JSP 页面

序 号	JSP 页 面	功 能
1	login.jsp	用户登录页面

续表

序　　号	JSP 页　面	功　　能
2	main.jsp	系统主页面
3	top.jsp	显示欢迎页面、系统当前日期
4	foot.jsp	显示页面底部信息
5	view.jsp	显示信息页面
6	add.jsp	添加学生信息页面
7	addUser.jsp	添加用户页面
8	help.jsp	系统帮助页面
9	info.jsp	添加信息成功的提示页面
10	look.jsp	浏览学生信息
11	search.jsp	查找学生信息页面
12	search_view.jsp	显示查询学生信息结果页面
13	detail.jsp	显示某个学生详细信息的页面
14	help.jsp	系统帮助页面

2. 类设计

系统用到的类如表 4-4 所示。

表 4-4　系统的类文件

序　　号	类 名 称	功　　能
1	DataAccess.java	提供操作业务数据的类
2	ConnectionDB.java	获得数据库连接的类
3	pageBean.java	分页类
4	Student.java	封装学生信息的类
5	Login_Servlet.java	登录信息验证类
6	add_Servlet.java	添加学生信息类
7	look_Servlet.java	浏览学生信息类
8	detail_Servlet.java	显示某个学生详细信息的类
9	delete_Servlet.java	删除某个学生详细信息的类
10	modi_Servlet.java	修改某个学生详细信息的类
11	search_Servlet.java	查找学生信息类
12	addUser_Servlet.java	添加用户类
13	addUserBean.java	添加用户的 JavaBean

3. 系统配置文件

Servlet 的定义、Servlet 的初始化参数等信息在配置文件 web.xml 中，其内容如例 4.1 所示。

【例 4.1】 系统配置文件 web.xml

```
<?xml version="1.0" encoding="UTF-8"?>
<web-app version="2.4"
   xmlns="http://java.sun.com/xml/ns/j2ee"
```

```
    xmlns:xsi="http://www.w3.org/2001/XMLSchema-instance"
    xsi:schemaLocation="http://java.sun.com/xml/ns/j2ee
    http://java.sun.com/xml/ns/j2ee/web-app_2_4.xsd">
   <servlet>
    <servlet-name>Login_Servlet</servlet-name>
    <servlet-class>com.stumanage.servlet.Login_Servlet</servlet-class>
  </servlet>
  <servlet>
    <servlet-name>add_Servlet</servlet-name>
    <servlet-class>com.stumanage.servlet.add_Servlet</servlet-class>
  </servlet>
  <servlet>
    <servlet-name>look_Servlet</servlet-name>
    <servlet-class>com.stumanage.servlet.look_Servlet</servlet-class>
  </servlet>
  <servlet>
    <servlet-name>delete_Servlet</servlet-name>
    <servlet-class>com.stumanage.servlet.delete_Servlet</servlet-class>
  </servlet>
  <servlet>
    <servlet-name>modi_Servlet</servlet-name>
    <servlet-class>com.stumanage.servlet.modi_Servlet</servlet-class>
  </servlet>
  <servlet>
    <servlet-name>detail_Servlet</servlet-name>
    <servlet-class>com.stumanage.servlet.detail_Servlet</servlet-class>
  </servlet>
  <servlet>
    <servlet-name>search_Server</servlet-name>
    <servlet-class>com.stumanage.servlet.search_Servlet</servlet-class>
  </servlet>
  <servlet>
    <servlet-name>addUser_Servlet</servlet-name>
    <servlet-class>com.stumanage.servlet.addUser_Servlet</servlet-class>
  </servlet>
  <servlet-mapping>
    <servlet-name>Login_Servlet</servlet-name>
    <url-pattern>/servlet/Login_Servlet</url-pattern>
  </servlet-mapping>
  <servlet-mapping>
    <servlet-name>add_Servlet</servlet-name>
    <url-pattern>/servlet/add_Servlet</url-pattern>
  </servlet-mapping>
  <servlet-mapping>
    <servlet-name>look_Servlet</servlet-name>
```

```
      <url-pattern>/servlet/look_Servlet</url-pattern>
    </servlet-mapping>
    <servlet-mapping>
      <servlet-name>delete_Servlet</servlet-name>
      <url-pattern>/servlet/delete_Servlet</url-pattern>
    </servlet-mapping>
    <servlet-mapping>
      <servlet-name>modi_Servlet</servlet-name>
      <url-pattern>/servlet/modi_Servlet</url-pattern>
    </servlet-mapping>
    <servlet-mapping>
      <servlet-name>detail_Servlet</servlet-name>
      <url-pattern>/servlet/detail_Servlet</url-pattern>
    </servlet-mapping>
    <servlet-mapping>
      <servlet-name>search_Server</servlet-name>
      <url-pattern>/servlet/search_Servlet</url-pattern>
    </servlet-mapping>
    <servlet-mapping>
      <servlet-name>addUser_Servlet</servlet-name>
      <url-pattern>/servlet/addUser_Servlet</url-pattern>
    </servlet-mapping>
</web-app>
```

4.3　系统详细设计

进行完系统的总体设计后即可在此基础上进行系统的详细设计。下面是学生管理系统的详细设计部分。分为公共模块设计（主要是 JavaBean 的设计）和系统模块设计（主要是 JSP 页面的设计）。

4.3.1　公共模块设计

在学生管理系统中把对访问 SQL Server 数据库的操作封装到 JavaBean 中，下面分别进行介绍。

1. 封装数据库类 ConnectionDB

该类通过 JavaBean 封装数据库连接，其源代码如例 4.2 所示。

【例 4.2】封装数据库类 ConnectionDB.java

```
package com.stumanage.getDataBaseConn;
import java.sql.*;
import javax.naming.*;
import javax.sql.DataSource;
//获得数据库连接的工具类通过 JDBC 连接数据库
public class ConnectionDB {
    public static Connection getConnection(){
```

```
        //注册驱动
        //获得连接
        Connection con=null;
        try {
            Class.forName("com.microsoft.jdbc.sqlserver.SQLServer Driver");
               con=DriverManager.getConnection("jdbc:microsoft:sqlserver:
               //  127.0.0.1:1433;
            DatabaseName=stumanage","sa","sa");
        } catch (ClassNotFoundException e) {
            e.printStackTrace();
        } catch (SQLException e) {
            e.printStackTrace();
        }
        return con;
    }
}
```

2. 操作业务数据类 DataAccess

通过这个 JavaBean，实现对学生及登录用户信息的操作，其源代码如例 4.3 所示。

【例 4.3】操作业务数据类 DataAccess.java

```
package com.stumanage.DAO;
import java.sql.Connection;
import java.sql.PreparedStatement;
import java.sql.ResultSet;
import java.sql.SQLException;
import java.util.ArrayList;
import java.util.List;
import com.stumanage.bean.Student;
import com.stumanage.bean.addUserBean;
import com.stumanage.bean.pageBean;
import com.stumanage.getDataBaseConn.ConnectionDB;
/*
 * 用来访问数据层的 Java 类。所有对业务数据的操作都可以放到这里
 * 此项目的业务功能：保存用户注册信息和判断用户合法
 * 可以写两个主要的方法：一个是注册用的方法；一个是判断登录用的方法
 */
public class DataAccess {
        //连接数据库
        private Connection conn;
        private PreparedStatement pstat;
        String sql="";
    public boolean add(Student user) throws SQLException {
        //将学生信息添加到数据库里
        conn=ConnectionDB.getConnection();
        boolean i=true;
```

```
    try{
          sql="insert into student values(?,?,?,?,?,?,?,?,?)";
          pstat=conn.prepareStatement(sql);
          pstat.setString(1,user.getNam());
          pstat.setString(2,user.getSex());
          pstat.setString(3,user.getBir());
          pstat.setString(4,user.getClass_());
          pstat.setString(5,user.getEmail());
          pstat.setString(6,user.getTel());
          pstat.setString(7,user.getAddress());
          pstat.setString(8,user.getJoin_time());
          pstat.setString(9,user.getInfo());
          pstat.executeUpdate();
          pstat.close();
          conn.close();
      }
        catch(Exception e){
          e.printStackTrace();
      }
   return i;
}
//验证用户 先将存放到数据库上的用户信息取出来,然后再进行对比
public boolean login(Student user) throws SQLException {
   conn=ConnectionDB.getConnection();
   boolean i=false ;
   // 比对信息
   sql="select nam from admin where nam=? and pwd=?";
   pstat=conn.prepareStatement(sql);
   pstat.setString(1,user.getNam());
   pstat.setString(2,user.getPwd());
   ResultSet rs1=pstat.executeQuery();
   if(rs1.next()){
       i=true;
       rs1.close();
       pstat.close();
   }
   else {
       i=false ;
       rs1.close();
       pstat.close();
   }
   conn.close();
   return i;
}
//得到数据库表里学生信息的总条数
public int getTotalRows(String sql){
```

```
        conn=ConnectionDB.getConnection();
        int i=0;
        try  {
            pstat=conn.prepareStatement(sql);
            ResultSet rs2=pstat.executeQuery();
            rs2.next();
            i=rs2.getInt(1);
            rs2.close();
            pstat.close();
            conn.close();
        } catch (SQLException e) {
            e.printStackTrace();
        }
        return i;
    }
    //进行分页
    public List getInfo(pageBean page) {
        int nowPage=page.getNowPage();                      //当前页数
        int perPageViwe=page.getPerPageRows();              //每页显示的条数
        int start=(nowPage-1)*perPageViwe;                  //起始位置
        int maxResults=perPageViwe;                         //每页显示的条数
        List users=null;                                    //存放所有用户信息
        conn=ConnectionDB.getConnection();
        if (start>1){
            sql="select top"+maxResults+" * from student  where "+
              "idx not in (select top "+start+" idx from student) order by idx";
        }
        else {
            sql="select top "+maxResults+" * from student  order by idx";
        }
        try {
            pstat=conn.prepareStatement(sql);
            ResultSet rs=pstat.executeQuery();
            users=new ArrayList();
            while (rs.next()){
                int id=rs.getInt(1);
                String name=rs.getString(2);
                String sex=rs.getString(3);
                String bir=rs.getString(4);
                String class_=rs.getString(5);
                String email=rs.getString(6);
                String tel=rs.getString(7);
                String address=rs.getString(8);
                String join_time=rs.getString(9);
                String info=rs.getString(10);
```

```
            Student user=new Student();                    // 封装每条用户信息
            user.setIdx(id);
            user.setNam(name);
            user.setSex(sex);
            user.setBir(bir);
            user.setClass_(class_);
            user.setEmail(email);
            user.setTel(tel);
            user.setJoin_time(join_time);
            user.setInfo(info);
            user.setAddress(address);
            users.add(user);
        }
        rs.close();
        pstat.close();
        conn.close();
    }
    catch (SQLException e) {
        e.printStackTrace();
    }
    return users;
}
//删除用户信息
public void delete(int idx){
    sql="delete from student where idx="+idx;
    conn=ConnectionDB.getConnection();
    try {
        pstat=conn.prepareStatement(sql);
        int rs=pstat.executeUpdate();
        pstat.close();
        conn.close();
    }
    catch (SQLException e) {
        e.printStackTrace();
    }
}
//得到符合条件学生的信息
public List getInfo(String sql){
    List users=null;                    // 存放一个用户的所有信息
    conn=ConnectionDB.getConnection();
    try {
        pstat=conn.prepareStatement(sql);
        ResultSet rs=pstat.executeQuery();
        rs.next();
        users=new ArrayList();
```

```
            int id=rs.getInt(1);
            String name=rs.getString(2);
            String sex=rs.getString(3);
            String bir=rs.getString(4);
            String class_=rs.getString(5);
            String email=rs.getString(6);
            String tel=rs.getString(7);
            String address=rs.getString(8);
            String join_time=rs.getString(9);
            String info=rs.getString(10);
            Student user=new Student();        // 封装每条用户信息
            user.setIdx(id);
            user.setNam(name);
            user.setSex(sex);
            user.setBir(bir);
            user.setClass_(class_);
            user.setEmail(email);
            user.setTel(tel);
            user.setJoin_time(join_time);
            user.setInfo(info);
            user.setAddress(address);
            users.add(user);
            rs.close();
            pstat.close();
            conn.close();
        }
        catch  (SQLException e) {
            e.printStackTrace();
        }
        return users;
    }
    // 修改学生信息
    public void modi(Student user)  {
        sql="update  student  set  sex=?,bir=?,class=?,email=?,tel=?,address=?,
info=?where idx=?";
        conn=ConnectionDB.getConnection();
        try {
            pstat=conn.prepareStatement(sql);
            pstat.setString(1,user.getSex());
            pstat.setString(2,user.getBir());
            pstat.setString(3,user.getClass_());
            pstat.setString(5,user.getEmail());
            pstat.setString(6,user.getTel());
            pstat.setString(7,user.getAddress());
            pstat.setString(9,user.getInfo());
```

```
        pstat.setInt(10,user.getIdx());
        pstat.executeUpdate();
        pstat.close();
        conn.close();
    }
    catch (Exception e) {
        e.printStackTrace();
    }
}
public List getInfo1(pageBean page,String sql) {
    List users=null;                    // 存放所有用户信息
    conn= ConnectionDB.getConnection();
    try
    {
        pstat=conn.prepareStatement(sql);
        ResultSet rs=pstat.executeQuery();
        users=new ArrayList();
        while (rs.next())
        {
            int id=rs.getInt(1);
            String name=rs.getString(2);
            String sex=rs.getString(3);
            String bir=rs.getString(4);
            String class_=rs.getString(5);
            String email=rs.getString(6);
            String tel=rs.getString(7);
            String address=rs.getString(8);
            String join_time=rs.getString(9);
            String info=rs.getString(10);
            Student user=new Student();     // 封装每条用户信息
            user.setIdx(id);
            user.setNam(name);
            user.setSex(sex);
            user.setBir(bir);
            user.setClass_(class_);
            user.setEmail(email);
            user.setTel(tel);
            user.setJoin_time(join_time);
            user.setInfo(info);
            user.setAddress(address);
            users.add(user);
        }
        rs.close();
        pstat.close();
        conn.close();
```

```
        }
        catch (SQLException e) {
            e.printStackTrace();
        }
        return users;
    }
    public void addUser(addUserBean user) {
        sql="insert into admin values (?,?,?,?,?)";
        conn=ConnectionDB.getConnection();
        try {
            pstat=conn.prepareStatement(sql);
            pstat.setString(1,user.getName());
            pstat.setString(2,user.getPwd());
            pstat.setInt(3,user.getAge());
            pstat.setString(4,user.getSex());
            pstat.setString(5,user.getAddress());
            pstat.executeUpdate();
            pstat.close();
            conn.close();
        }
        catch (SQLException e) {
            e.printStackTrace();
        }
    }
}
```

3. 封装学生信息类 Student

【例 4.4】封装学生信息类 Student.java

```
package com.stumanage.bean;
import java.io.Serializable;
//这是一个 JavaBean 用来封装学生信息
public class Student implements Serializable{
    private String nam;
    private String pwd;
    private String sex;
    private int idx;
    private String bir;
    private String class_;
    private String email;
    private String tel;
    private String address;
    private String join_time;
    private String info;
    public String getAddress() {
        return address;
```

```
}
public void setAddress(String address) {
    this.address=address;
}
public String getBir() {
    return bir;
}
public void setBir(String bir) {
    this.bir=bir;
}
public String getClass_() {
    return class_;
}
public void setClass_(String class_) {
    this.class_=class_;
}
public String getEmail() {
    return email;
}
public void setEmail(String email) {
    this.email=email;
}
public String getInfo() {
    return info;
}
public void setInfo(String info) {
    this.info=info;
}
public String getJoin_time() {
    return join_time;
}
public void setJoin_time(String join_time) {
    this.join_time=join_time;
}
public String getNam() {
    return nam;
}
public void setNam(String nam) {
    this.nam=nam;
}
public String getPwd() {
    return pwd;
}
public void setPwd(String pwd) {
    this.pwd=pwd;
}
```

```
    public String getSex() {
        return sex;
    }
    public void setSex(String sex) {
        this.sex=sex;
    }
    public String getTel() {
        return tel;
    }
    public void setTel(String tel) {
        this.tel=tel;
    }
    public int getIdx() {
        return idx;
    }
    public void setIdx(int idx) {
        this.idx=idx;
    }
}
```

4.3.2 系统模块设计

在系统模块设计中将针对前面设计的系统功能模块，设计出实现每个模块所需要的 JSP 页面。

1. 系统登录模块实现

用户登录页面效果如图 4-5 所示，其源代码如例 4.5 所示。

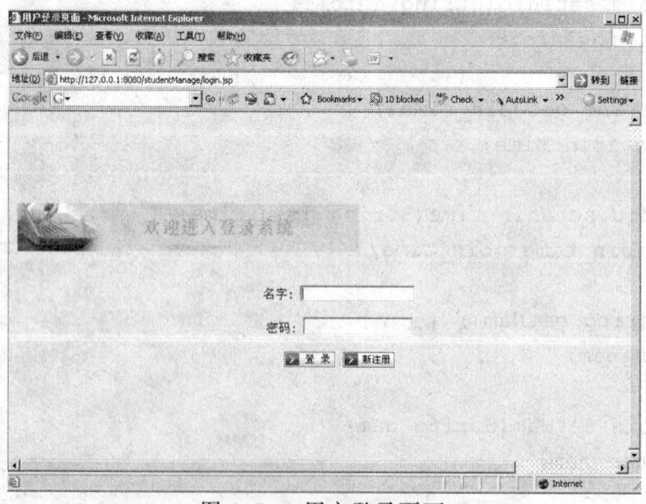

图 4-5　用户登录页面

【例 4.5】 用户登录页面 login.jsp

```
<%@ page language="java" contentType="text/html;charset=gbk"%>
<html>
  <head>
<script type="text/javascript">
```

```
function check(frm_login){
if(frm_login.name.value==""){
     window.alert("请输入名字！");
     frm_login.name.focus();
     return (false);
}
if(frm_login.pwd.value==""){
     window.alert("请输入密码");
     frm_login.pwd.focus();
     return (false);
}
}
</script>
    <title>用户登录页面</title>
  </head>
 <%
      response.setContentType("text/html;charset=gbk");
      request.setCharacterEncoding("gbk");
 %>
<body background="img/bg_login.gif">
   <H1> </H1>
   <p> </p>
   <table width="970" height="318" border="0">
     <tr>
       <td height="62" colspan="2" background="img/top_2.jpg"></td>
       <td width="139"> </td>
       <td width="363"> </td>
     </tr>
     <tr>
       <td width="258" height="175"></td>
       <td colspan="2">
<form  name="frm_login"  action="/studentManage/servlet/Login_Servlet"method
="post" onsubmit="return check(frm_login);">
  <p align="center"><br><br>
  名字: <input type="text" name="name"><br><br>
  密码: <input type="password" name="pwd"><br>
  </p>
  <p align="center">
  <input type="Image" name="submit" src=img/login_top.jpg width="70" height="22">
  <a href="addUser.jsp"><img src=img/reg_top.jpg width="70"height="22"
  border="0"></a><br>
  </p>
  </form>
   </td>
       <td> </td>
```

```
        </tr>
        <tr>
          <td height="73"> </td>
          <td width="192"> </td>
          <td> </td>
          <td> </td>
        </tr>
    </table>
  </body>
  </html>
```

在此页面中，使用 JavaScript 进行客户端验证，要求用户必须输入用户名和密码。当用户输入完用户名和密码后，单击“登录”按钮，则信息被提交到 Login_Servlet 中，由 Login_Servlet 负责验证用户的登录信息。如果用户正确登录，则会跳转到系统的主页面 main.jsp；否则跳转回登录页面。

用户的登录信息验证由类 Login_Servlet.java 实现，其源代码如例 4.6 所法。

【例 4.6】登录信息验证类 Login_Servlet.java

```
package com.stumanage.servlet;
import java.io.*;
import java.sql.SQLException;
import javax.servlet.ServletException;
import javax.servlet.http.*;
import com.stumanage.DAO.DataAccess;
import com.stumanage.bean.Student;
public class Login_Servlet extends HttpServlet {
    public void doPost(HttpServletRequest request, HttpServletResponse
    response)throws ServletException, IOException{
        response.setContentType("text/html;charset=gbk");
        request.setCharacterEncoding("gbk");
        String name=request.getParameter("name");
        String pwd=request.getParameter("pwd");
        HttpSession session=request.getSession();
        session.setAttribute("name",name);
        Student user=new Student();
        user.setNam(name);
        user.setPwd(pwd);
        DataAccess dao=new DataAccess();
        boolean isLogin;
        try{
            isLogin=dao.login(user);
            if(isLogin){
                response.sendRedirect("/studentManage/main.jsp");
            } else {
                response.sendRedirect("/studentManage/login.jsp");
            }
```

```
        } catch (SQLException e) {
            e.printStackTrace();
        }
    }
    public void doGet(HttpServletRequest request, HttpServletResponse response)
    throws ServletException, IOException {
        doPost(request,response);
    }
}
```

系统主页面 main.jsp 如图 4-6 所示，其源代码如例 4.7 所示。

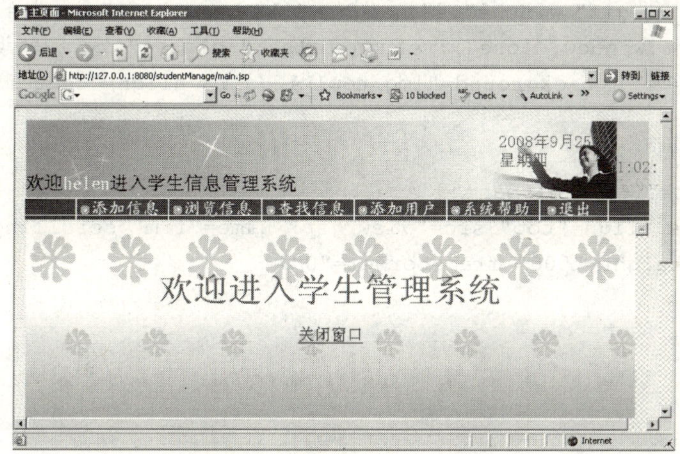

图 4-6　学生管理系统主页面

【例 4.7】 系统主页面 main.jsp

```
<%@ page language="java"contentType="text/html;charset=gb2312"%>
<html>
  <head>
   <title>主页面</title>
    <meta http-equiv="Content-Type" content="text/html;charset=gb2312">
    <style type="text/css">
   </style>
</head>
<jsp:include page="top.jsp"/>
  <body>
<table width="801" height="198" border="0" align="center">
<tr>
  <td width="60" height="22" background="img/top1_12.gif"> </td>
  <td width="110" background="img/top1_12.gif" align="center"><img src
  ="img/icon_01.gif" width="14" height="11"border="0"><a href="add.jsp"
  target="frm" class="style2 ">添加信息</a></td>
  <td width="110"  background="img/top1_12.gif" align="center"><img src=
  "img /icon_01.gif" width="14" height="11"border="0"><a href="/studentManage/
  servlet /look_servlet" target="frm" class="style2">浏览信息</a></td>
```

```
    <td width="110"  background="img/top1_12.gif" align="center"><img src=
    "img/icon_01.gif" width="14" height="11"border="0"><a href="search.jsp"
    target ="frm" class="style2">查找信息</a></td>
    <td width="110"  background="img/top1_12.gif" align="center">
    <img src="img/icon_01.gif" width="14" height="11" border="0"><a href=
    "addUser.jsp" target="frm" class="style2"/>添加用户</td>
    <td width="110"  background="img/top1_12.gif" align="center"><img src=
    "img/icon_01.gif" width="14" height="11" border="0"><a href="help.jsp"
    target= "frm" class="style2">系统帮助</a></td>
    <td width="74"  background="img/top1_12.gif" align="center"><img src=
    "img/icon_01.gif" width="14" height="11" border="0"><a href="/" onClick=
    "javascript:window.close();return false;" class="style2">退出</a></td>
    <td width="45"  background="img/top1_12.gif" align="center"> </td>
  </tr>
  <tr>
    <td height="168" colspan="9">
        <iframe align="top" src="view.jsp" name="frm" scrolling="yes" width=
        "801" height="500" frameborder="0">
     </iframe>
    </td>
  </tr>
  </table>
  <br>
  </body>
    <jsp:include page="foot.jsp"/>
  </html>
```

主页面有两个包含文件：top.jsp 主要显示欢迎信息及系统当前日期。foot.jsp 放在页面结尾处，显示版权及维护信息。主页面还包含了 view.jsp 页面，系统中的操作，如添加、浏览、查找学生信息等都显示在这个页面中。

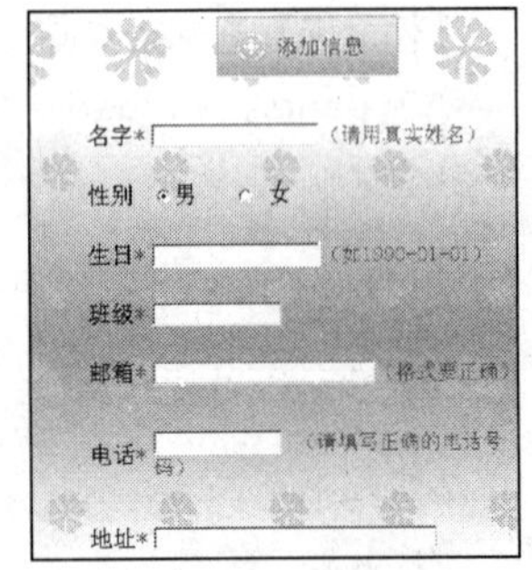

图 4-7　添加学生信息页面

2. 添加学生信息模块设计

添加学生信息页面如图 4-7 所示，其源代码如例 4.8 所示。

【例 4.8】 添加学生信息页面 add.jsp

```
<%@ page language="java" contentType="text/html;charset=gbk"%>
<html>
 <head>
<script type="text/javascript">
function Juge(form1){
   if(form1.nam.value==""){
    window.alert("请输入名字!");
    form1.nam.focus();
    return (false);
   }
```

```
if(form1.bir.value==""){
 window.alert("请输入你的生日");
 form1.bir.focus();
 return (false);
}
if(form1.cla.value==""){
 window.alert("请输入你的班级!");
 form1.cla.focus();
 return (false);
}
if(form1.email.value==""){
 window.alert("请输入你的邮箱");
 form1.email.focus();
 return (false);
}
if(form1.email.value.length!=0){
   if (form1.email.value.charAt(0)=="." ||
      form1.email.value.charAt(0)=="@"||
      form1.email.value.indexOf('@', 0)==-1 ||
      form1.email.value.indexOf('.', 0)==-1 ||
      form1.email.value.lastIndexOf("@")==form1.email.value.length-1||
      form1.email.value.lastIndexOf(".")==form1.email.value.length-1){
         alert("Email 地址格式不正确!");
         form1.email.focus();
         return false;
      }
 }
if(form1.tel.value==""){
 window.alert("请输入你的电话");
 form1.tel.focus();
 return (false);
}
if(form1.tel.value!=""){
 if(isNaN(form1.tel.value)){
        alert("电话号码不能是字符!");
     return false;
     }
 }
if(form1.tel.value.length!=11){
 window.alert("若是手机请直接输入，座机请在前面加区号");
 form1.tel.focus();
 return (false);
}
if(form1.address.value==""){
 window.alert("请输入你的地址");
```

```
      form1.address.focus();
      return (false);
     }
  }
  </script>
      <title>注册页面</title>
    </head>
    <%
      response.setContentType("text/html;charset=gbk");
      request.setCharacterEncoding("gbk");
    %>
    <body background="img/R6C.GIF"  bgproperties="fixed">
    <center>
   <formname="form1"action="/studentManage/servlet/add_Servlet"onsubmit="return
   Juge(form1);" method="post">
  <p><img border="0" src="img/add_info.gif"> <br></p>
  <table width="407" height="519" border="0">
    <tr>
      <td width="57">名字<font color="#ff0000">*</font></td>
      <td width="350"><input name="nam" type="text" size="20"><font color=
      "#ff0000" size="-1">（请用真实姓名）</font></td>
    </tr>
    <tr>
      <td width="57">性别</td>
      <td><input type="radio" name="sex" value="男" checked>男   
        <input type="radio" name="sex" value="女"> 女 </td>
    </tr>
    <tr>
      <td width="57">生日<font color="#ff0000">*</font></td>
      <td width="340"><input name="bir" type="text" size="20"><font color=
      "#ff0000" size="-1">（如 1990-01-01）</font></td>
    </tr>
    <tr>
      <td width="57">班级<font color="#ff0000">*</font></td>
      <td><input name="cla" type="text" size="15"></td>
    </tr>
    <tr>
      <td width="57">邮箱<font color="#ff0000">*</font></td>
      <td width="340"><input name="email" type="text" size="27"><font color=
      "#ff0000" size="-1">（格式要正确）</font></td>
    </tr>
    <tr>
      <td width="57">电话<font color="#ff0000">*</font></td>
      <td width="340"><input name="tel" type="text" size="15" >
        <font color="#ff0000" size="-1" >（请填写正确的电话号码）</font></td>
```

```
  </tr>
  <tr>
    <td width="57">地址<font color="#ff0000">*</font></td>
    <td width="340"><input name="address" type="text" size="35"></td>
  </tr>
  <tr>
    <td width="57"><p>个人说明</p></td>
    <td><textarea name="info" rows="3" cols="35"></textarea></td>
  </tr>
</table>
<P>
  <INPUT type="submit" value="添加">  
  <INPUT type="reset" value="重填">
     <BR>
    </P>
    </form></center>
  </body>
</html>
```

在这里要输入姓名、性别、生日等信息，通过 JavaScript 对这些信息（是否为空、是否符合输入规则等）进行判断。输入正确后单击“添加”按钮，则信息被提交到 add_Servlet.java，由 add_Servlet 将学生信息添加到学生信息表 student 中，添加完成后，会出现提示页面 info.jsp。

【例 4.9】 添加学生信息类 add_Servlet.java

```
package com.stumanage.servlet;
import java.io.*;
import java.sql.SQLException;
import java.util.Calendar;
import javax.servlet.ServletException;
import javax.servlet.http.*;
import com.stumanage.DAO.DataAccess;
import com.stumanage.bean.Student;
public class add_Servlet extends HttpServlet {
   public void doPost(HttpServletRequest request, HttpServletResponse response)
         throws ServletException, IOException{
      request.setCharacterEncoding("gbk");
      response.setContentType("text/html;charset=gbk");
      Calendar c  =Calendar.getInstance();
request.setAttribute("join_time",c.getInstance().getTime().toLocalString());
      String nam=request.getParameter("nam");
      String sex=request.getParameter("sex");
      String bir=request.getParameter("bir");
      String class_=request.getParameter("cla");
      String email=request.getParameter("email");
      String tel=request.getParameter("tel");
      String address=request.getParameter("address");
```

```
        String join_time=(String) request.getAttribute("join_time");
        String info=request.getParameter("info");
        Student stu=new Student();
        stu.setNam(nam);
        stu.setSex(sex);
        stu.setBir(bir);
        stu.setClass_(class_);
        stu.setEmail(email);
        stu.setTel(tel);
        stu.setAddress(address);
        stu.setJoin_time(join_time);
        stu.setInfo(info);
        //实例化一个数据层访问对象
        DataAccess dao=new DataAccess();
        try {
            dao.add(stu);
            request.setAttribute("info",newString("<br><br><center><h1>
            <fontcolor=red>添加成功！恭喜！！" +"</font></h1></center><br>"));
            request.setAttribute("id", new String("1"));
        } catch (SQLException e) {
            e.printStackTrace();
        }
      request.getRequestDispatcher("/info.jsp").forward(request,response);
    }
    public void doGet(HttpServletRequest request,HttpServletResponse response)
     throws ServletException, IOException {
        doPost(request,response);
    }
}
```

info.jsp 显示如图 4-8 所示，源代码如例 4.10 所示。

【例 4.10】提示信息页面 info.jsp

```
<%@ page language="java" contentType="text/html;
charset=gbk"%>
<html>
  <head>
   <title>My JSP'info.jsp'starting page</title>
  </head>
  <%
        response.setContentType("text/html;charset=gbk");
        request.setCharacterEncoding("gbk");
  %>
  <body background="../img/R6C.GIF">
  <%=request.getAttribute("info")%>
  <br>
```


图 4-8　添加成功页面

```
<%
  String idx=(String)request.getAttribute("id");
  if (idx.equals("1")){
%>
<br>
<center><a href="/studentManage/add.jsp"> <h2>继续添加</h2></a><br><br>
<br><br>
<%} else {%> <%=request.getAttribute("denglu")%><%} %>
<center> <a href="/studentManage/servlet/look_Servlet" target="frm">查看
全部信息</a></center><br>
</center>
</body>
</html>
```

3. 浏览学生信息模块设计

当在主页面单击"浏览学生信息"时，将执行 Servlet：look_Servlet.java。look_Servlet 将从 student 表里查找要显示的学生信息，然后转到 look.jsp 页面进行显示。这里使用类 pageBean 对分页进行处理，记录当前的页码、总页数、获取的记录等信息，以便于在 look.jsp 页面中进行显示。look_Servlet 类源代码如例 4.11 所示。

【例 4.11】浏览学生信息类 look_Servlet.java

```
package com.stumanage.servlet;
import java.io.IOException;
import java.io.PrintWriter;
import java.util.List;
import javax.servlet.ServletException;
import javax.servlet.http.HttpServlet;
import javax.servlet.http.HttpServletRequest;
import javax.servlet.http.HttpServletResponse;
import com.stumanage.bean.pageBean;
import com.stumanage.DAO.*;
public class look_Servlet extends HttpServlet {
   // 此 Servlet 实现浏览学生信息的功能
   public void doGet(HttpServletRequest request,HttpServletResponse response)
           throws ServletException,IOException {
       request.setCharacterEncoding("gbk");
       response.setContentType("text/html;charset=gbk");
       DataAccess dao=new DataAccess();
       pageBean page=new pageBean();
       String sql="select count(*) from student";
       //设置总的条数
       int totalRows=(int) dao.getTotalRows(sql) ;
       page.setTotalRows(totalRows);
       int perPage=page.getPerPageRows();
       //设置总页数
```

```
        int allPages ;
        if(totalRows%5==0){
            allPages=(int) (totalRows/perPage);
        }
        else
            allPages=(int) (totalRows/perPage+1);
        page.setAllPages(allPages);
        //设置当前页数
        String per=request.getParameter("nowPage");
        if(per==null){
            int i=1;
            page.setNowPage(i);
        }
        else
           page.setNowPage( Integer.parseInt(per));
        List results;
        results=dao.getInfo(page);
        page.setResult(results);
        request.setAttribute("pageBean",page);
       request.getRequestDispatcher("/look.jsp").forward(request,response);
    }
}
```

浏览学生信息页面 look.jsp 如图 4-9 所示，其源代码如图 4.12 所示。

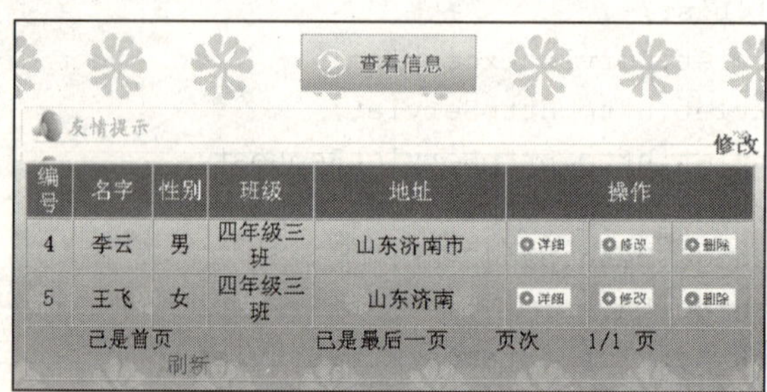

图 4-9　浏览学生信息页面

【例 4.12】浏览学生信息页面 look.jsp

```
<%@ page language="java"contentType="text/html;charset=gbk"%>
<%@ page import="com.stumanage.bean.*,java.util.*"%>
<html>
  <head>
    <title>浏览学生信息</title>
<style type="text/css">  </style>
    <meta http-equiv="Content-Type" content="text/html; charset=gbk">
  </head>
  <%
    request.setCharacterEncoding("gbk");
    response.setContentType("text/html;charset=gbk");
```

```
    int nowPage,perPage,endPage;
    nowPage=pagebean.getNowPage();                              //当前页数
    perPage=pagebean.getPerPageRows();                          //每页显示多少条数
    endPage=pagebean.getAllPages();                             //最后一页
    List list=pagebean.getResult();
  %>
  <script language="javascript">
    function detail(id){
window.open("/studentManage/servlet/detail_Servlet?id="+id,"","height=500,
width=470,left=280,top=150,status=no,location=no,toolbar=no,directories=
no,menubar=no")
    }
  </script>
  <body background="../img/R6C.GIF"  bgproperties="fixed">
    <center><img border="0" src="../img/look_info.gif"> </center>
    <table width="704" height="45" border="0" align="center">
      <tr>
        <td height="41" background="../img/ti_shi.gif">
          <table width="699" height="45" border="0">
            <tr>
              <td width="121"> </td>
              <td width="568"><font color =red><br>
              <marquee direction=left scrollamount="4"><b>修改后的信息刷新后才
              能正确反映删除的信息将不能复原,请谨慎删除</b></marquee> </td>
            </tr>
          </table>
          </td>
      </tr>
  </table>
    <table width="685" height="45" cellspacing="0" cellpadding="0"border
    ="1"align="center">
<tbody>
<tr bgcolor="#336699">
<td width="40" height="30" align="center"><span class="style10">编号</span></td>
<td width="79"align="center"><span class="style10">名字 </span></td>
<td width="50"align="center"><span class="style10">性别 </span></td>
<td width="105"align="center"><span class="style10">班级</span></td>
<td width="198"align="center"><span class="style10">地址</span></td>
<td colspan="3"align="center"><span class="style10">操作</span></td>
</tr>
            <%
                  java.util.Iterator it=list.iterator();
                    while (it.hasNext()) {
                        Student vo=(Student) it.next();
                        int id=vo.getIdx();
```

```
                    String name=vo.getNam();
                    String sex=vo.getSex();
                    String class_=vo.getClass_();
                    String address=vo.getAddress();
            %>
            <tr>
                <td height="30" align="center"><%=id%></td>
                <td align="center"><%=name%></td>
                <td align="center"><%=sex%></td>
                <td width="105" align="center"><%=class_%></td>
                <td align="center"><%=address %></td>
                <td width="70" align="center">
<!--详细按钮-->
<inputTYPE="image"src="/studentManage/img/detailed.gif"align=bottomonClick
="detail(<%=id%>)"/>
        </td>
        <td width="70" align="center">
  <!--修改按钮-->
       <input TYPE="image" src="/studentManage/img/modi.gif"align=bottomonClick
       ="detail(<%=id%>)"/>
        </td>
        <td width="70"align="center" valign=middle>
        <a href="/studentManage/servlet/delete_Servlet?id=<%= id %>&nowPage
=<%=nowPage%>">
<!--删除按钮-->
        <img border="0" src="/studentManage/img/delete.gif"></a>
        </td>
        </tr>
        <%
        }
        %>
        <tr>
        <tdheight="37" colspan="8" >    
        <%if(nowPage-1==0){
        %>已是首页        
        <% }else {
        %>
        <a href="/studentManage/servlet/look_Servlet?nowPage=1">首页</a>
        <a href="/studentManage/servlet/look_Servlet?nowPage=<%=nowPage-1%
        >">上一页 </a>  
        <% } %>
        <%
           if(nowPage+1>endPage){
        %>    已是最后一页
        <%} else{ %>
```

```
        <a href="/studentManage/servlet/look_Servlet?nowPage=<%=nowPage+1%
        >">    下一页 </a>  
<a href="/studentManage/servlet/look_Servlet?nowPage=<%= endPage %>">尾页</a>
<% }%>   页次   <%= nowPage %>/<%= endPage %>页  
<a href="/studentManage/servlet/look_Servlet?nowPage=<%=nowPage  %>">刷新</a>
         </td>
         </tr>
         </tbody>
  </table>
    <p> </p>
  </body>
</html>
```

浏览学生信息页面可以对某条学生信息进行如查看详细信息、修改、删除的操作。

查看学生详细信息的类 detail_Servlet，其源代码如例 4.13 所示。

【例 4.13】 查看学生详细信息类 detail_Servlet.java

```
package com.stumanage.servlet;
import java.io.IOException;
import java.io.PrintWriter;
import java.util.List;
import javax.servlet.ServletException;
import javax.servlet.http.HttpServlet;
import javax.servlet.http.HttpServletRequest;
import javax.servlet.http.HttpServletResponse;
import com.stumanage.bean.pageBean;
import com.stumanage.DAO.*;
public class detail_Servlet extends HttpServlet {
    // 显示学生详细信息的方法
   public void doGet(HttpServletRequest request,HttpServletResponse response)
    throws ServletException, IOException {
        request.setCharacterEncoding("gbk");
        response.setContentType("text/html;charset=gbk");
        PrintWriter out=response.getWriter();
        DataAccess dao=new DataAccess();
        pageBean page=new pageBean();
        //设置总的条数
        String sql="select count(*) from student";
        int totalRows=(int) dao.getTotalRows(sql) ;
        page.setTotalRows(totalRows);
        int perPage = page.getPerPageRows();
        //设置总页数
        int allPages ;
        if(totalRows%5==0){
            allPages =(int) (totalRows/perPage);
        }
```

```
        else
            allPages=(int) (totalRows/perPage+1);
        page.setAllPages(allPages);
        //设置当前页数
        String per=request.getParameter("perPage");
        if(per==null){
            int i=1;
            page.setNowPage(i);
        }else
            page.setNowPage(Integer.parseInt(per));
        List results;
        String id=request.getParameter("id");
        int idx;
        if(id!=null){
            idx=Integer.parseInt(id);
            sql="select * from student where idx="+idx;
            results=dao.getInfo(sql);
            page.setResult(results);
            request.setAttribute("pageBean",page);
    request.getRequestDispatcher("/detail.jsp").forward(request,response);
        }
    }
    public void doPost(HttpServletRequest request,HttpServletResponse
    response) throws ServletException,IOException {
        doGet(request,response);
    }
}
```

detail.jsp 是显示某个学生详细信息的页面，这个页面也可以对学生信息进行修改，detail.jsp 如图 4-10 所示，其源代码如下。

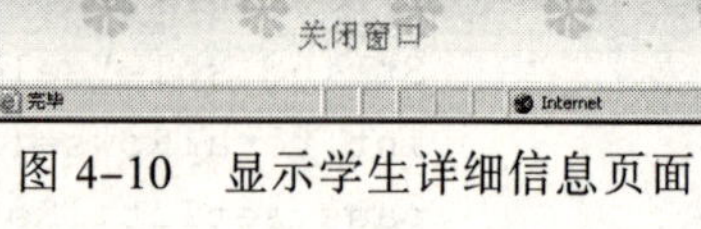

图 4-10　显示学生详细信息页面

【例 4.14】 查看学生详细信息页面 detail.jsp

```
<%@ page language="java"contentType="text/html;
charset=gbk"%>
<%@ page import="com.stumanage.bean.*,java.util.*"%>
<html>
  <head>
<script type="text/javascript">
function Juge(form1){
   if(form1.bir.value ==""){
         window.alert("请输入你的生日");
         form1.bir.focus();
         return (false);
   }
  if(form1.class_.value==""){
```

```
    window.alert("请输入你的班级!");
    form1.cla.focus();
    return (false);
   }
   if(form1.email.value==""){
    window.alert("请输入你的邮箱");
    form1.email.focus();
    return (false);
   }
    if(form1.email.value.length!=0){
       if (form1.email.value.charAt(0)=="."||
          form1.email.value.charAt(0)=="@"||
          form1.email.value.indexOf('@',0)==-1 ||
          form1.email.value.indexOf('.',0)==-1 ||
          form1.email.value.lastIndexOf("@")==form1.email.value.length-1 ||
          form1.email.value.lastIndexOf(".")==form1.email.value.length-1){
             alert("Email 地址格式不正确!");
             form1.email.focus();
             return false;
         }
     }
   if(form1.tel.value==""){
    window.alert("请输入你的电话");
    form1.tel.focus();
    return (false);
   }
   if(form1.tel.value!=""){
    if(isNaN(form1.tel.value)){
             alert("电话号码不能是字符!");
          return false;
          }
     }
   if(form1.tel.value.length!=11){
    window.alert("若是手机请直接输入，座机请在前面加区号");
    form1.tel.focus();
    return (false);
   }
   if(form1.address.value==""){
    window.alert("请输入你的地址");
    form1.address.focus();
    return (false);
   }
}
</script>
    <title>查看学生信息</title>
```

```
<style type="text/css">
<!--
a:link {
    color: #FF0000;
    text-decoration: none;
}
a:visited {
    text-decoration: none;
    color: #FF0000;
}
a:hover {
    text-decoration: none;
    color: #6600CC;
}
a:active {
    text-decoration: none;
    color: #33FF00;
}
.style10 {color: #FFFFFF}
-->
    </style>
    <meta http-equiv="Content-Type" content="text/html; charset=gbk">
   </head>
  <%
    request.setCharacterEncoding("gbk");
    response.setContentType("text/html;charset=gbk");
    pageBean pagebean=(pageBean) request.getAttribute("pageBean");
    int nowPage,perPage,endPage;
    nowPage=pagebean.getNowPage();           //当前页数
    perPage=pagebean.getPerPageRows();       //每页显示多少条数
    endPage=pagebean.getAllPages();          //最后一页
    List list=pagebean.getResult();
  %>
  <body background="../img/R6C.GIF"  bgproperties="fixed" >
<%
    java.util.Iterator it=list.iterator();
    while (it.hasNext())
    {
    Student vo=(Student) it.next();
    int id=vo.getIdx();
    String name=vo.getNam();
    String sex=vo.getSex();
    String bir=vo.getBir();
    String class_=vo.getClass_();
    String email=vo.getEmail();
```

```
    String join_time=vo.getJoin_time();
    String address=vo.getAddress();
    String info=vo.getInfo();
    String tel=vo.getTel();
%>
  <form method=post name=form1 action=/studentManage/servlet/modi_Servlet
  onsubmit="return Juge(form1);">
    <table width="441" height="426" border="1" align="center">
      <tr>
       <td width="102" bgcolor="#336699"><div align="center" class= "style10">
       编号</div></td>
        <td colspan="2">      <%=id%>
        <input type=hidden name=id value =<%=id%>></td>
      </tr>
      <tr>
       <td bgcolor="#336699"><div align="center" class="style10">姓名</div> </td>
        <td colspan="2">  <%=name%></td>
      </tr>
      <tr>
       <td bgcolor="#336699"><div align="center" class="style10">性别</div> </td>
        <td colspan="2">
        <%
        if(sex.equals("男")){%>
        
       <input type=radio name=sex value="男" checked>男   
       <input type=radio name=sex value="女">女
        <%
        } if(sex.equals("女"))  {%>
         
        <input type=radio name=sex value="男">男   
        <input type=radio name=sex value="女" checked>女
        <%}
        %></td>
      </tr>
      <tr>
        <td colspan="2">  <input type = "text" name=bir value=<%= bir %> ></td>
      </tr>
      <tr>
       <td bgcolor="#336699"><div align="center"  class="style10">班级</div></td>
        <td colspan="2">  <input type="text" name=class_value
        =<%=class_%> ></td>
      </tr>
      <tr>
```

```
        <td bgcolor="#336699"><div align="center"  class="style10">邮箱</div></td>
         <td colspan="2">  <input type="text"  name=email value=
         <%=email%>></td>
      </tr>
      <tr>
        <td bgcolor="#336699"><div align="center"  class="style10">电话</div></td>
         <td colspan="2">  <input type="text" name=tel value=<%=
         tel%>></td>
      </tr>
      <tr>
        <td bgcolor="#336699"><div align="center" class="style10">地址</div></td>
         <td colspan="2">  <input type="text" name=addressvalue
         =<%=address%>></td>
      </tr>
      <tr>
         <td bgcolor="#336699"><div align="center"  class="style10">添加时间</div></td>
         <td colspan="2">  <%=join_time %></td>
      </tr>
      <tr>
         <td bgcolor="#336699"><div align="center" class="style10">个人说明</div></td>
         <td colspan="2">  <textarea name="info"rows="6"cols="35">
         <%=info%></textarea></td>
      </tr>
      <tr>
         <td height="38" bgcolor="#336699"><div align="center" class= "style10">
         操作</div></td>
         <td align="center"  valign="middle"><input name="image" type="image"
         src="/studentManage/img/baocun.gif"></td>
      </tr>
      <%
         }
      %>
    </table>
  </form>
  <center><a href="javascript:window.close()">关闭窗口</a></center><br>
  </body>
</html>
```

修改某个学生详细信息的类 modi_Servlet，其源代码如例 4.15 所示。

【例 4.15】修改学生信息类 modi_Servlet.java

```
package com.stumanage.servlet;
import java.io.IOException;
import javax.servlet.ServletException;
import javax.servlet.http.HttpServlet;
import javax.servlet.http.HttpServletRequest;
import javax.servlet.http.HttpServletResponse;
import com.stumanage.DAO.DataAccess;
import com.stumanage.bean.Student;
```

```
public class modi_Servlet extends HttpServlet {
  //此Servlet用来修改用户信息
  public void doPost(HttpServletRequest request,HttpServlet Response
  response) throws ServletException, IOException {
      response.setContentType("text/html;charset=gbk");
      request.setCharacterEncoding("gbk");
      String id=request.getParameter("id");
      int idx=0;
      if(id!=null){
         idx=Integer.parseInt(id);
      }
      String sex=request.getParameter("sex");
      String bir=request.getParameter("bir");
      String class_=request.getParameter("class_");
      String email=request.getParameter("email");
      String tel=request.getParameter("tel");
      String address=request.getParameter("address");
      String info=request.getParameter("info");
      Student user=new  Student();
      user.setIdx(idx);
      user.setSex(sex);
      user.setBir(bir);
      user.setClass_(class_);
      user.setEmail(email);
      user.setTel(tel);
      user.setAddress(address);
      user.setInfo(info);
      DataAccess dao=new DataAccess();
      dao.modi(user);
      response.sendRedirect("/studentManage/info1.jsp");
      }
}
```

修改成功的提示页面 info1.jsp，其源代码如例 4.16 所示。

【例 4.16】提示信息页面 info1.jsp

```
<%@ page language="java"contentType="text/html;charset=gbk"%>
<html>
  <head>

    <title>修改成功</title>
    <meta http-equiv="Content-Type" content="text/html; charset=gb2312">
  </head>
 <body  background="/studentManage/img/R6C.GIF"  bgproperties="fixed">
  <%
    response.setContentType("text/html;charset=gbk");
    request.setCharacterEncoding("gbk");
```

```
%>
    <br><br><br><br><br><br><center><h1><font color=red>恭喜!! 您已修改成功!!
    </font></h1>
    <br><br><br><br><a href="javascript:window.close()">关闭窗口</a><br>
    </center><br>
  </body>
  </html>
```

删除某个学生详细信息的类 delete_Servlet，其源代码如例 4.17 所示。

【例 4.17】删除某个学生详细信息类 delete_Servlet.java

```
package com.stumanage.servlet;
import java.io.IOException;
import java.io.PrintWriter;
import javax.servlet.ServletException;
import javax.servlet.http.*;
import com.stumanage.DAO.DataAccess;;
public class delete_Servlet extends HttpServlet {
    //此 Servlet 是用来删除信息的
    public void doGet(HttpServletRequest request, HttpServletResponse response)
            throws ServletException,IOException {
        response.setContentType("text/html");
        String id=request.getParameter("id");
        String nowPage=request.getParameter("perPage");
        if (id!=null){
            int idx=Integer.parseInt(id);
            DataAccess dao=new DataAccess();
            dao.delete(idx);
        }
    request.getRequestDispatcher("/servlet/look_Servlet").forward(request,response);
    }
}
```

4. 查找学生信息模块设计

查找学生信息页面如图 4-11 所示，其源代码如例 4.18 所示。

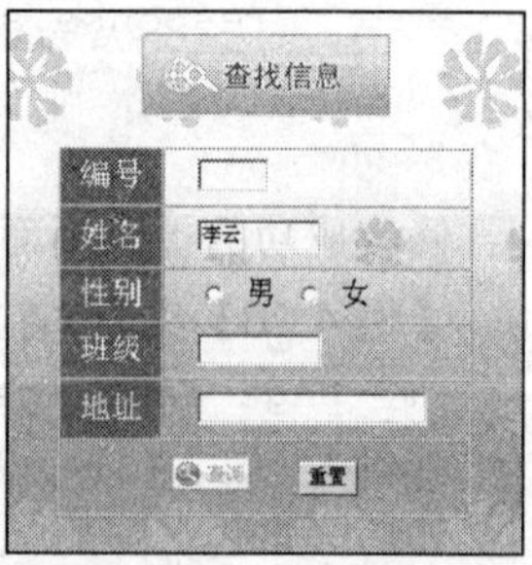

图 4-11 查找学生信息页面

【例 4.18】查找学生信息页面 search.jsp

```
<%@ page language="java" contentType="text/html;
charset=gbk"%>
<html>
  <head>
      <title>查找学生信息</title>
   <style type="text/css">
   </style>
  </head>
  <%
       response.setContentType("text/html;charset=gbk");
```

```
    request.setCharacterEncoding("gbk");
%>
<body background="img/R6C.GIF" bgproperties="fixed">
<center>
  <p><img border="0" src="img/serach_info.gif"></p>
  <form name="form2" method="get" action="/studentManage/servlet/search_Servlet">
   <table width="274" height="239" border="1" align="center" cellpadding="0"
   cellspacing="0">
     <tr>
       <td width="66" height="37" bgcolor="#336699"><div align="center"
       class="style1">编号</div></td>
       <td width="202">  <input name="id" type="text"size= "5"> </td>
     </tr>
     <tr>
<td height="40" bgcolor="#336699"><div align="center" class="style1">姓
名</div></td>
     <td>
           <input name="name" type="text" size="10">
         <input type=hidden name=perPage value=1>
     </td>
     </tr>
     <tr>
     <td height="35" bgcolor="#336699"><div align="center"class="style1">
     性别</div></td>
       <td>
          <input name="sex" type="radio" value="男">男
        <input type="radio" name="sex" value="女">女</td>
     </tr>
     <tr>
      <td height="37" bgcolor="#336699"><div align="center" class= "style1">
      班级</div></td>
       <td>  <input name="class_" type="text" size="10"></td>
     </tr>
     <tr>
      <td height="39" bgcolor="#336699"><div align="center" class="style1">
      地址</div></td>
       <td>  <input type="text" name="address"></td>
     </tr>
     <tr>
       <td colspan="2">
           <div align="center">
           <input type="image" src="img/searchto.gif" value="提交">
             
         <input type="reset"  src="img/reset.gif" value="重置">
         </div>
```

```
        </td></tr></table>
    </form>
    <p><br>
    <br></p>
  </center>
    <br>
  </body>
</html>
```

在 search.jsp 页面输入编号、姓名、性别、班级、地址任一项后，单击“查询”按钮，则信息被提交到 search_Servlet 进行查询，查询完毕由 search_view.jsp 页面显示。

【例 4.19】查找学生信息类 search_Servlet.java

```
package com.stumanage.servlet;
import java.io.IOException;
import java.util.List;
import javax.servlet.ServletException;
import javax.servlet.http.HttpServlet;
import javax.servlet.http.HttpServletRequest;
import javax.servlet.http.HttpServletResponse;
import com.stumanage.DAO.DataAccess;
import com.stumanage.bean.pageBean;
public class search_Servlet extends HttpServlet {
   public void doGet(HttpServletRequest request, HttpServletResponse response)
          throws ServletException,IOException {
        request.setCharacterEncoding("GBK");
        response.setCharacterEncoding("text/html;charset=gbk");
        String idx=request.getParameter("id");
        String name=request.getParameter("name");
        String sex=request.getParameter("sex");
        String class_=request.getParameter("class_");
        String address=request.getParameter("address");
        String sql="select * from student where";
        String sql1="select count(*) from student where";
        if(idx!=null && !idx.equals("")){
           sql=sql+"idx="+idx+"and";
           sql1=sql1+"idx="+idx+"and";
        }
        if(name!=null && !name.equals("")){
           name=new String(name.getBytes("iso8859-1"));
           sql=sql+"nam like'%"+name+"%'and";
           sql1=sql1+"nam like'%"+name+"%'and";
        }
        if(sex!=null && !sex.equals("")){
           sex=new String(sex.getBytes("iso8859-1"));
           sql=sql+"sex like'%"+sex+"%'and";
```

```
            sql1=sql1+"sex like'%"+sex+"%'and";
        }
        if(class_!=null && !class_.equals("")){
            class_=new String(class_.getBytes("iso8859-1"));
            sql=sql+"class like'%"+class_+"%'and";
            sql1=sql1+"class like'%"+class_+"%'and";
        }
        if(address!=null && !address.equals("")){
            address=new String(address.getBytes("iso8859-1"));
            sql=sql+"address like'%"+address+"%'and";
            sql1=sql1+"address like'%"+address+"%'and";
        }
        sql=sql.substring(0,sql.length()-5);          //截掉sql 语句的后5个字符
        sql1=sql1.substring(0,sql1.length()-5);       //截掉sql1 语句的后5个字符
        DataAccess dao=new DataAccess();
        pageBean page=new pageBean();
        int totalRows=(int) dao.getTotalRows(sql1); //得到总条数
        page.setTotalRows(totalRows);                 //把总条数放到BEAN里面
        System.out.println(sql);
        System.out.println(sql1);
        System.out.println(totalRows);
        List results=dao.getInfo1(page,sql);
        page.setResult(results);
        request.setAttribute("pagebean",page);
        request.getRequestDispatcher("/search_view.jsp").forward(request,response);
    }
}
```

search_view.jsp 页面如图 4-12 所示，源代码如例 4.20 所示。

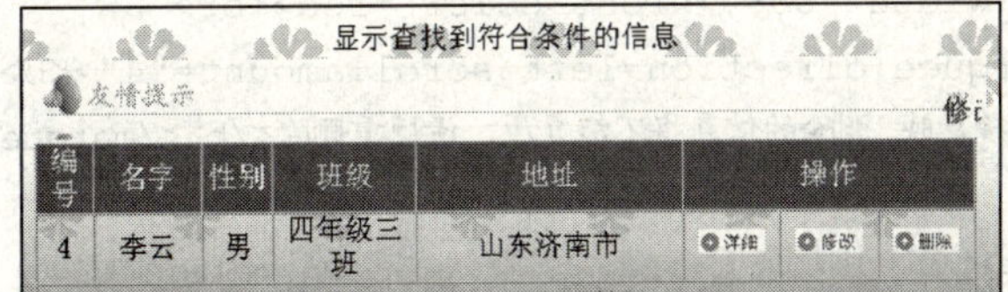

图 4-12　显示查询学生信息结果页面

【例 4.20】显示查找学生信息页面 search_view.jsp

```
<%@ page language="java"contentType="text/html;charset=gbk"%>
<%@ page import="com.stumanage.bean.*,java.util.*"%>
<html>
  <head>
    <title>显示查找到符合条件的信息</title>
<style type="text/css"></style>
    <meta http-equiv="Content-Type"content="text/html;charset=gbk">
  </head>
```

```
<%
  request.setCharacterEncoding("gbk");
  response.setContentType("text/html;charset=gbk");
  pageBean pagebean=(pageBean) request.getAttribute("pagebean");
  int nowPage,perPage,endPage;
  float allRows;
  nowPage=pagebean.getNowPage();              //当前页数
  perPage=pagebean.getPerPageRows();          //每页显示多少条数
  endPage=pagebean.getAllPages();             //最后一页
  allRows=pagebean.getTotalRows();
  List list=pagebean.getResult();
%>
<script language="javascript">
  function detail(id){
  window.open("/studentManage/servlet/deta_Servlet?id="+id,"","height=500,
  width=470,left=280,top=150,status=no,location=no,toolbar=no,directories=
  no,menubar=no")
  }
</script>
<body background="../img/R6C.GIF"  bgproperties="fixed">
  <center>显示查找到符合条件的信息</center>
  <table width="704" height="45" border="0" align="center">
    <tr>
      <td height="41" background="../img/ti_shi.gif">
        <table width="699" height="45" border="0">
          <tr>
            <td width="121"> </td>
            <td width="568"><font color =red><br>
            <marquee direction=left scrollamount="4"><b>修改后的信息刷新后才
            能正确反映，删除的信息将不能复原，请慎重删除</b></marquee></font></td>
          </tr>
        </table>
        </td>
    </tr>
</table>
  <table width="685" height="45" cellspacing="0" cellpadding="0" border=
  "1" align="center">
    <tbody><tr bgcolor="#336699">
<td width="40" height="30" align="center"><span class="style10">编号</span></td>
<td width="79" align="center"><span class="style10">名字</span></td>
<td width="50" align="center"><span class="style10">性别</span></td>
<td width="105" align="center"><span class="style10">班级</span></td>
<td width="198" align="center"><span class="style10">地址</span></td>
```

```
<td colspan="3" align="center"><span class="style10">操作</span></td>
</tr>
  <%
  java.util.Iterator it=list.iterator();
  while (it.hasNext()) {
  Student vo=(Student) it.next();
  int id=vo.getIdx();
  String name=vo.getNam();
  String sex=vo.getSex();
  String class_=vo.getClass_();
  String address=vo.getAddress();
  %>
  <tr>
  <td height="30" align="center"><%=id%></td>
  <td align="center"><%=name%></td>
  <td align="center"><%=sex%></td>
  <td width="105" align="center"><%=class_%></td>
  <td align="center"><%=address%></td>
  <td width="70"align="center">
  <!--详细按钮-->
<input  TYPE="image"src="/studentManage/img/detailed.gif"  align=bottomon
Click="detail(<%=id%>)"/>
    </td>
    <td width="70" align="center">
      <!--修改按钮-->
    <input TYPE="image"  src="/studentManage/img/modi.gif" align=bottomon
    Click="detail(<%=id%>)"/>
    </td>
    <td width="70"align="center" valign=middle>
    <a href="/studentManage/servlet/delete_Servlet?id=<%=id%>&nowpage
    =<%=nowPage%>">    <!--删除按钮-->
    <img border="0" src="/studentManage/img/delete.gif"></a>
    </td>
    </tr>
    <%
      }
    %>
    <tr>
      <td height="37" colspan="8" >
           一共有<%=allRows%>条数据
    <a href="/studentManage/servlet/search_Servlet">刷新</a>
    </td>
    </tr>
```

```
    </tbody>
  </table>
    <p> </p>
  </body>
</html>
```

5. 添加用户模块设计

添加用户页面如图 4-13 所示，其源代码如例 4.21 所示。

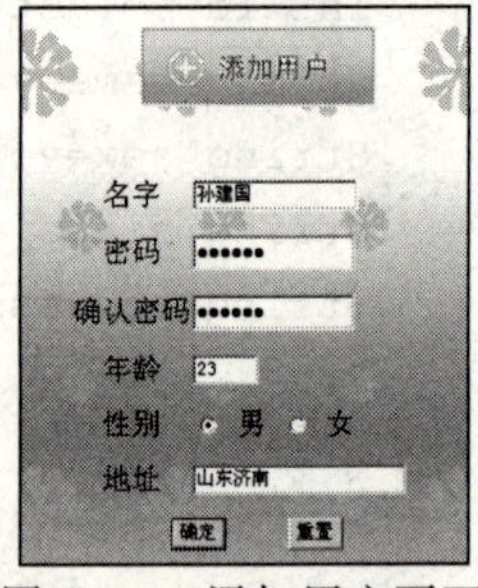

图 4-13 添加用户页面

【例 4.21】添加用户页面 addUser.jsp

```
<%@ page language="java"  pageEncoding="gbk"%>
<html>
  <head>
 <script type="text/javascript">
  function Juge(form1){
   if(form1.name.value==""){
       window.alert("请输入名字！");
       form1.name.focus();
       return (false);
   }
   if(form1.pwd.value==""){
       window.alert("请输入你密码");
       form1.pwd.focus();
       return (false);
    }
    if(form1.pwd.value.length <6){
        window.alert("密码长度过短 可能不安全");
        form1.pwd.focus();
        return (false);
    }
  if (form1.pwd.value != form1.pwd1.value) {
       window.alert("两者密码不匹配！");
       form1.pwd1.focus();
       return (false);
     }
   if(form1.age.value==""){
       window.alert("请输入你的年龄");
       form1.age.focus();
       return (false);
   }
   if(form1.age.value!=""){
    if(isNaN(form1.age.value)){
    alert("年龄不能是字符!");
    return false;
        }
    }
```

```
  if(form1.address.value==""){
   window.alert("请输入你的地址");
   form1.address.focus();
   return (false);
  }
}
</script>
   <title>添加用户</title>
   <meta http-equiv="Content-Type" content="text/html; charset=gb2312">
 </head>
 <body background="img/R6C.GIF"  bgproperties="fixed">
 <center><img border="0" src="img/add_admin.gif"></center>
   <p></p><form name="form1" method="post" action="/studentManage/servlet/
   addUser_Servlet" onsubmit="return Juge(form1);">
   <table width="263" height="272" border="0" align="center" cellpadding=
    "0" cellspacing="0">
       <tr>
         <td width="86"><div align="center">名字</div></td>
       <td width="178"><input name="name" type="text" id="name" size="15"></td>
       </tr>
       <tr>
         <td><div align="center">密码</div></td>
         <td><input name="pwd" type="password" id="pwd" size="15"></td>
       </tr>
       <tr>
         <td><div align="center">确认密码</div></td>
         <td><input name="pwd1" type="password" id="pwd1" size="15"></td>
       </tr>
       <tr>
         <td><div align="center">年龄</div></td>
         <td><input name="age" type="text" id="age" size="5"></td>
       </tr>
       <tr>
         <td><div align="center">性别</div></td>
         <td><input name="sex" type="radio" value="男" checked>男
           <input type="radio" name="sex" value="女">女</td>
       </tr>
       <tr>
         <td><div align="center">地址</div></td>
         <td><input name="address" type="text" id="address"></td>
       </tr>
       <tr>
         <td colspan="2"><div align="center">
           <input type="submit" name="Submit" value="确定">
             
```

```
            <input type="reset" name="Submit2" value="重置">
          </div></td>
        </tr>
      </table>
        </form>
  </body>
</html>
```

添加用户类源代码如例 4.22 所示。

【例 4.22】添加用户类 addUser_Servlet.java

```
package com.stumanage.servlet;
import java.io.IOException;
import javax.servlet.ServletException;
import javax.servlet.http.HttpServlet;
import javax.servlet.http.HttpServletRequest;
import javax.servlet.http.HttpServletResponse;
import com.stumanage.DAO.DataAccess;
import com.stumanage.bean.addUserBean;
public class addUser_Servlet extends HttpServlet {
    /*添加用户*/
    public void doPost(HttpServletRequest request,HttpServletResponse
    response)throws ServletException, IOException {
        response.setContentType("text/html;charset=gbk");
        request.setCharacterEncoding("gbk");
        String name=request.getParameter("name");
        String pwd=request.getParameter("pwd");
        String age1=request.getParameter("age");
        String sex=request.getParameter("sex");
        String address=request.getParameter("address");
        addUserBean user=new addUserBean();
        user.setName(name);
        user.setPwd(pwd);
        user.setSex(sex);
        int age;
        if(age1!=null){
            age=Integer.parseInt(age1);
            user.setAge(age);
        }
        user.setAddress(address);
        DataAccess dao=new DataAccess();
        dao.addUser(user);
        request.setAttribute("info",newString("<br><br><center><h1><font
        color=red>添加成功！恭喜！！"+"</font></h1></center><br>"));
        request.setAttribute("id",new String("a"));
```

```
        request.setAttribute("denglu",new String("<br><br><center><a href=
        /studentManage/login.jsp target =_parent>登录</href></center><br>"));
        request.getRequestDispatcher("/info.jsp").forward(request,response);
    }
    public void doGet(HttpServletRequest request, HttpServletResponse response)
    throws ServletException, IOException {
    doPost(request,response);
    }
}
```

添加用户的操作被封装在 JavaBean：addUserBean 中，其源代码如例 4.23 所示。

【例 4.23】添加用户的 JavaBean addUserBean.java

```
package com.stumanage.bean;
public class addUserBean {
    private String name ;
    private String pwd;
    private int age;
    private String sex;
    private String address;
    public String getAddress() {
        return address;
    }
    public void setAddress(String address) {
        this.address=address;
    }
    public int getAge() {
        return age;
    }
    public void setAge(int age) {
        this.age=age;
    }
    public String getName() {
        return name;
    }
    public void setName(String name) {
        this.name=name;
    }
    public String getPwd() {
        return pwd;
    }
    public void setPwd(String pwd) {
        this.pwd=pwd;
    }
    public String getSex() {
        return sex;
    }
```

```
    public void setSex(String sex) {
        this.sex=sex;
    }
}
```

6. 系统帮助

系统帮助页面如图 4-14 所示，其源代码如例 4.24 所示。

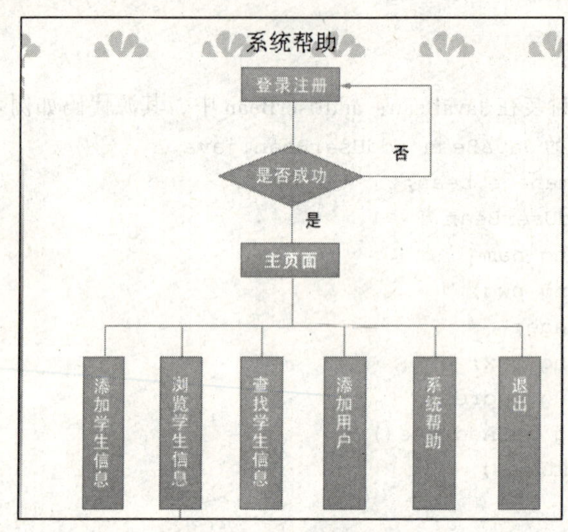

图 4-14 帮助页面

【例 4.24】系统帮助页面 help.jsp

```
<%@ page language="java" contentType="text/html;charset=gbk"%>
<html>
  <head>
    <title>系统帮助</title>
  </head>
  <body background="img/R6C.GIF"bgproperties="fixed">
  <center>系统帮助<br>
   <img hspace="0" border="0" alt="0" src="img/4-1.jpg"></center>
  </body>
</html>
```

系统运行：启动 Tomcat，在浏览器里输入 http://127.0.0.1:8080/studentManage/login.jsp 即可。

小　结

本章通过学生管理系统的创建，使读者对 JSP+Servlet+JavaBean 的网站设计模式有了初步的认识，对这种模式下网站的架构有了初步的印象，项目的设计遵循了软件工程的设计原则。通过对需求分析、模块设计、数据库设计、详细设计的讲解，不仅可以学习到软件工程的一些相关知识，也可以对 JSP+Servlet+JavaBean 的网站设计模式有初步的认识。后面各章将对本章涉及的知识点做进一步的介绍。

习　题

问答题

1. 本章介绍的学生管理系统的设计模式是什么？JSP 还有哪些设计模式？
2. 以下给出的是学生管理系统中用户登录的流程图，画出其他模块的流程图。

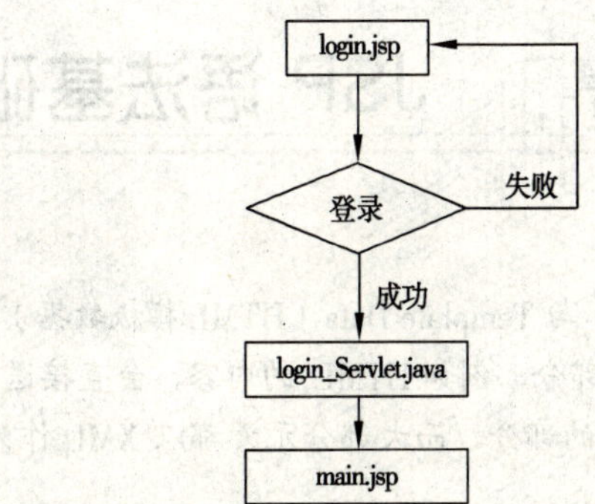

第5章 JSP语法基础

JSP 网页主要分为 Elements（元素）与 Template Data（HTML 模板数据） 两部分。

Template Data 是 JSP 容器不处理的部分，例如 HTML 的内容，会直接送到客户端执行。

Elements 是必须经由 JSP 容器处理的部分，而大部分元素都以 XML 作为语法基础，并且大小写必须要一致。

元素有两种表达式。一种为起始标签（包含元素名称、属性），中间为内容，最后为结尾标签。如下所示：

```
<mytag attr1="attribute value"…..>
body
</mytag>
```

另一种是标签中只有元素的名称、属性，称为 Empty Elements。如下所示：

```
<mytag attr1="attribute value"…./>
```

Elements 有四种类型：指令元素（Directive Elements）、脚本元素（Scripting Elements）、动作元素（Action Elements）和 EL 表达式（EL Elements）。本章主要针对 Elements 的前三种类型加以说明。

5.1 JSP 注释

一般注释可分为两种：一种是在客户端显示的注释，称为 HTML 注释；另外一种是客户端看不到，只给开发程序员专用的注释，称为隐藏注释。

5.1.1 HTML 注释

格式：<!--comment[<%=expression %>]-->

例如：<!--现在时间为：<%= (new java.util.Date()).toLocaleString() %> -->

在客户端的 HTML 源文件中显示为：

```
现在时间为: 2008-9-9 10:50:46
```

这种批注的方式和 HTML 相似，可以在浏览器菜单中选择“查看”→“源文件”命令或右击菜单选择“查看源文件”命令来查看程序的源代码，有些不同的是，可以在批注中加上动态表达式（如上例所示）。

5.1.2　隐藏注释

格式：<%-- comment --%>

或者<% /** this is a comment **/ %>

接下来看这个范例。

【例 5.1】testQuote.jsp

```
<%@ page language="java"%>
<html>
<head><title>例子 3-2</title></head>
<body>
<h2>隐藏批注示例</h2>
<%-- 这是一个隐藏批注，不会显示在客户端 --%>
</body>
```

在用户的浏览器中，可以看到源代码如下：

</html>源代码如下：

```
<html>
<head><title>例子 3-2</title></head>
<body>
<h2>隐藏批注示例</h2>
</body>
</html>
```

在客户端的浏览器中原先加上去的注释将不显示，并且在 JSP 编译时用此注释的方式会被忽略掉。这对隐藏或注释 JSP 程序来说是实用的方式，通常程序员也会利用它来调试（Debug）程序。

JSP 容器不会对 <%--和--%>之间的语句进行编译，也不会显示在客户端的浏览器上，并且无法从源文件中看到。

5.1.3　案例拓展

（1）启动 Eclipse，选择 File→New 命令，在弹出的下拉菜单中选择 Project 命令。

选择 Dynamic Web Project 项目类型，单击 Next 按钮，出现如图 5-2 所示的窗口。

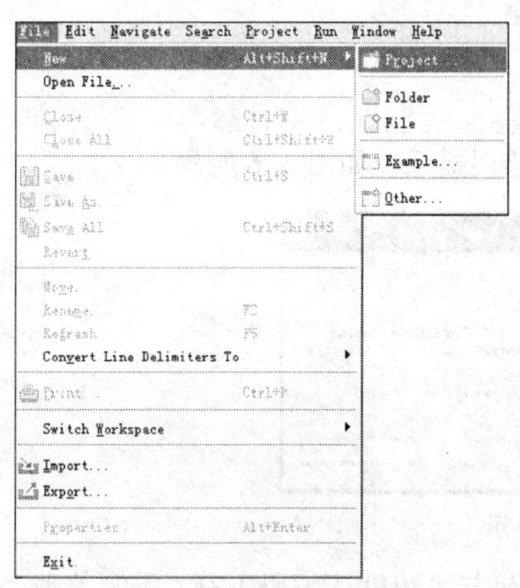

图 5-1　新建项目

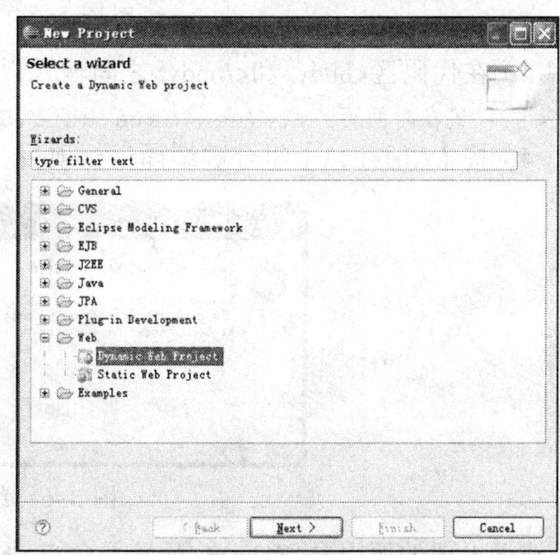

图 5-2　选择项目类型

输入项目名 ch5，接受默认设置，直接单击 Finish 按钮，如图 5-3 所示。

（2）打开项目视图，右击项目名 ch5，创建一个 JSP 页面 testQuote.jsp，如图 5-4 所示。

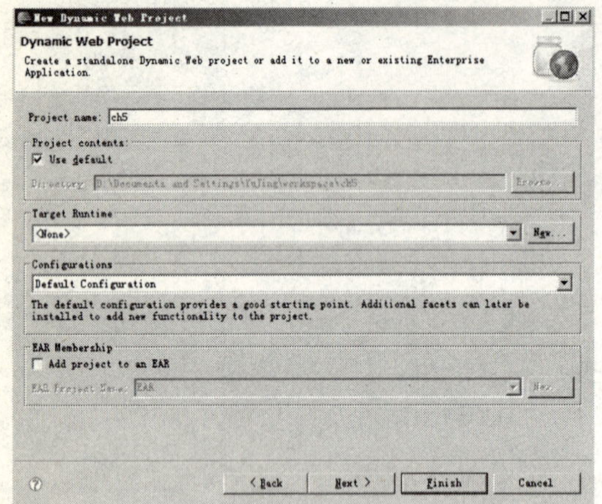

图 5-3 输入项目名称

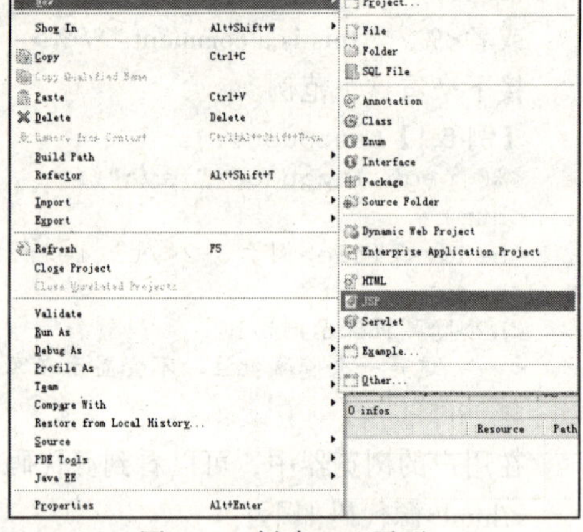

图 5-4 创建 JSP 页面

输入文件名称 testQuote.jsp，接受默认选择，直接单击 Finish 按钮，如图 5-5 所示。

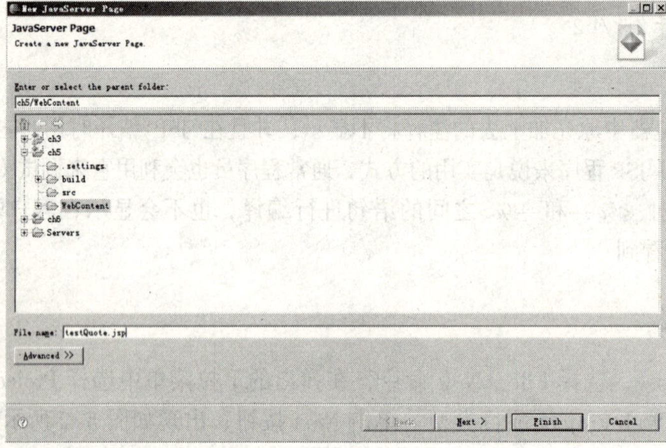

图 5-5 输入文件名

（3）在代码区<body>和</body>之间输入以下代码：

```
<!-- 现在时间为: <%=(new java.util.Date()).toLocaleString()%>-->
```

（4）按【Ctrl+F11】组合键编译运行项目，将出现错误提示，如图 5-6 所示。

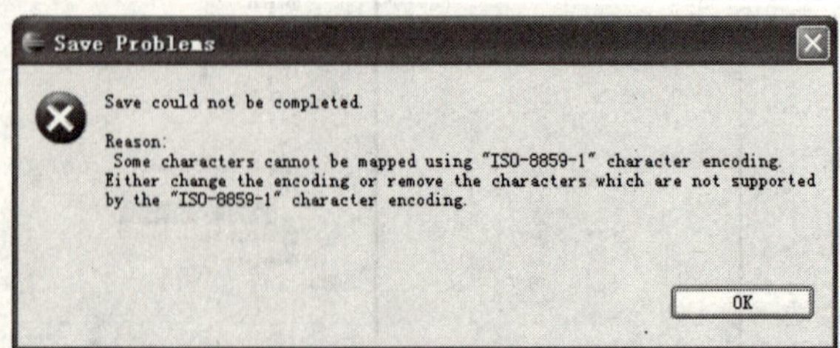

图 5-6 编码错误提示

错误出现的原因是 Eclipse 开发平台自动生成的代码与系统默认编码不符，需要修改 page 指令的 pageEncoding 属性，如图 5-7 所示。

图 5-7　修改 pageEcoding 编码

（5）重新编译运行项目，如图 5-8 所示，选择 Tomcat v6.0 Server at localhost，接受默认设置，单击 Finish 按钮，也可选择 Always use this server when running this project 复选框。启动 Tomcat 服务器，然后编译项目，如果项目代码没有问题，将出现如图 5-8 所示的运行结果。

在实际操作中，可能出现如图 5-9 的提示。

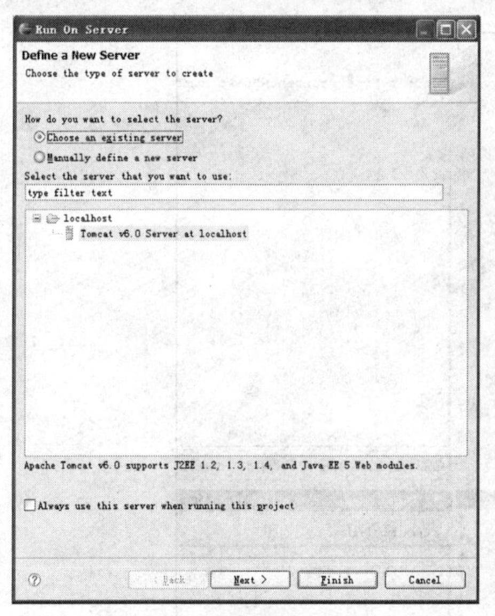

图 5-8　编译项目选项

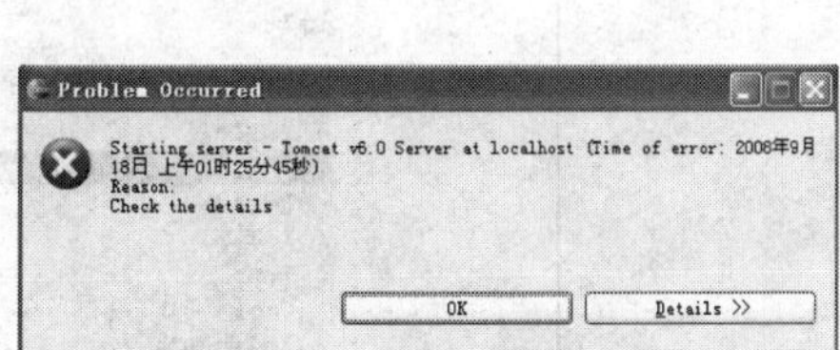

图 5-9　错误提示

出现此错误提示的原因是因为 Tomcat 可能已经启动运行，或其他程序占用 Tomcat 启动所需的端口（8005、8080、8009 等），需要检查端口使用情况和 Tomcat 服务器是否已经启动。

项目正确编译运行后，在浏览器地址栏中输入：

http://localhost:8080/ch5/WebContent/testQuote.jsp

右击网页，在弹出的快捷菜单中选择“查看源文件”命令，结果如图 5-10 所示。

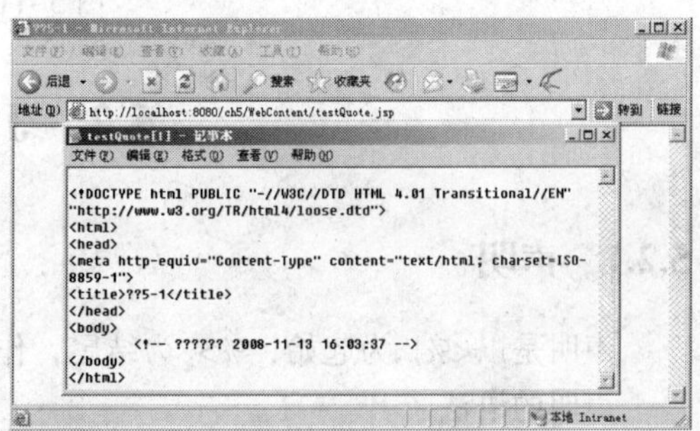

图 5-10　程序运行结果

如果在网页标题和源文件中出现<!-- ?????? 2008-9-18 1:31:19 -->，则是页面编码的问题，解决方法见后续章节，也可自行研究，找出解决方案。

（6）同样的方式，新建 JSP 页面 HideQuote.jsp，并输入代码如例 5.2 所示。

【例 5.2】HideQuote.jsp

```
<%@ page language="java"%>
<html>
<head><title>例子 5-2</title></head>
<body>
<h2>隐藏批注示例</h2>
<%-- 这是一个隐藏批注，不会显示在客户端 --%>
</body>
</html>
```

编译运行程序，查看程序结果。

说明：编译运行单个 JSP 页面查看结果，可右击 JSP 页面文件名，选择 Run As→Run On Server 命令或 Debug As→Debug On Server 命令，如图 5-11 所示。Debug As 为调试模式，在此模式下调试程序相对比较容易。

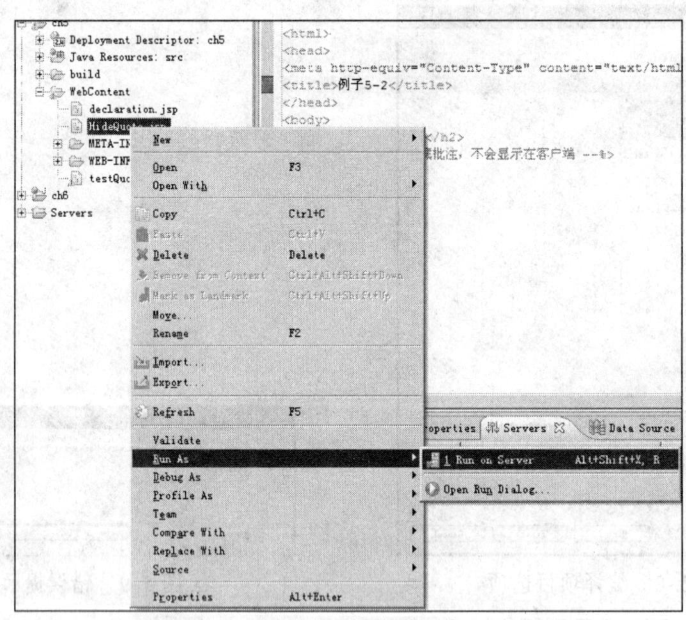

图 5-11　运行单个页面

5.2 JSP 脚本元素

5.2.1 声明

声明是以<%! 为起始，%> 为结尾，作用为在 JSP 程序中声明合法的变量和方法。

声明的语法：

```
<%!declaration;[declaration;]+…%>
```

范例：

```
<%! int i=0;%>
<%! int a,b,c;%>
<%! Circle a=new Circle(2.0);%>
<%! public String f(int i) {if (i<3) return ("i 小于 3")};%>
```

在 JSP 程序中使用<%! %>可以一次声明多个要用的变量和方法，最后以分号“;”结尾，当然这些声明在 Java 中必须是合法的。

每一个声明仅在一个页面中有效，如果想使每个页面都用到一些声明，最好把它们写成一个单独的 JSP 网页，然后用<%@ include %>或<jsp:include >元素包含进来。

注意：

使用<%! %>方式所声明的变量为全局变量，即表示：若同时有 n 个用户在执行此 JSP 网页，将会共享此变量。因此建议读者，不用<%! %>进行声明变量。

5.2.2　表达式

表达式标签（expressions）是以“<%=”为起始，“%>”为结尾，它的中间内容包含一段合法的表达式，如使用 Java 表达式。

expressions 的语法：<%= expression %>

范例：

```
<font color="blue"><%=getName()%></font>
<%=(new java.util.Date()).toLocaleString()%>
```

表达式在执行后会被自动转化为字符串，然后显示出来。

在 JSP 中使用表达式注意如下：

（1）不能使用分号“;”作为表达式的结束符号，例如：

```
<%= (new java.util.Date()).toLocaleString();%>
```

这样写是错误的。但是同样的表达式用在 scriptlet 中，则需要以分号结尾。

（2）表达式元素可以包括 Java 语法，有时候也可以作为其他 JSP 元素的属性值。

5.2.3　脚本程序

脚本程序（scriptlet）中可以包含有效的程序片段，只要是合乎 Java 本身的标准语法即可。通常一些主要的程序也写在这里面。scriptlet 是以“<%”为起始，“%>”为结尾。

scriptlet 的语法：

```
<% code fragment %>
```

范例：

```
<%
String name=null;
if (request.getParameter("name")==null) {
%>
…
…
```

```
<%
}
else
{
   out.println("HI … "+name);
}
%>
```

注意：

（1）<% %>不能嵌套使用，例如：

```
<%
String a="Weclome";
<%=a%>
%>
```

这样会出现错误。

（2）在<% %>之间不能插入 HTML，例如：

```
<%
<P>欢迎使用</P>
%>
```

这是错误的。

5.2.4 案例拓展

（1）在上面的项目“ch5”中，以同样的方式新建 JSP 页面 declaration.jsp，输入代码如例 5.3 所示。

【例 5.3】declaration.jsp

```
<%! int i=0;%>
<%! int a,b,c;%>
<%! ;%>
<%! public String f(int i) {if (i<3 ) return ("i 小于 3"); else return ("i 大于或等于 3");};%>
```

编译运行 declaration.jsp 页面，运行结果如图 5-12 所示。

网页中没有任何显示，原因是这个 JSP 页面主要定义了页面变量和函数，并没有信息输出。用户可对变量的定义多加练习，熟练调试修改变量定义中出现的错误提示信息。如图 5-13 所示的错误提示，则会发现错误在什么地方。

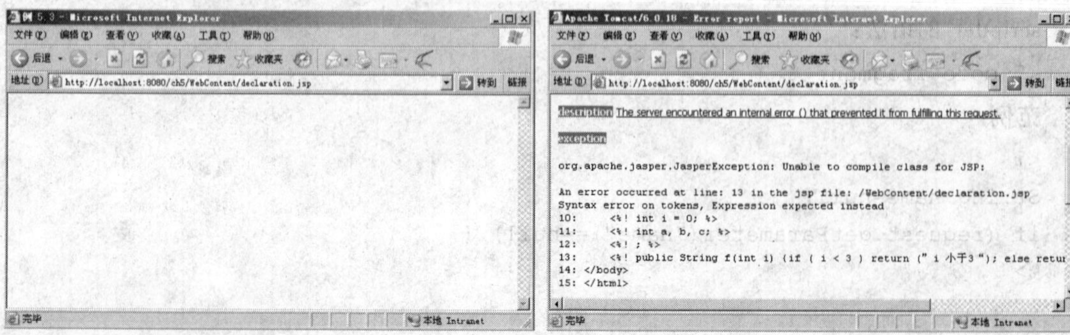

图 5-12　程序运行结果　　　　图 5-13　错误提示

上面程序的错误，是由于中文引号导致。第 13 行代码中修改为：return("i 小于 3")。

（2）新建 JSP 页面 getName.jsp，输入代码如例 5.4 所示。

【例 5.4】 getName.jsp

```
<%=(new java.util.Date()).toLocaleString() %>
<br>
<hr>
<%
  String name=request.getParameter("name");
  if (name==null){
%>
您输入的用户名无效，请重新输入！
<%
}
else
{
  out.println("你好 … "+name);
}
%>
```

本例中包含 request.getParameter("name")，涉及 JSP 内置对象 request 的相关内容。

编译运行程序，结果如图 5-14、图 5-15 所示，同样本例还涉及中文编码的问题。

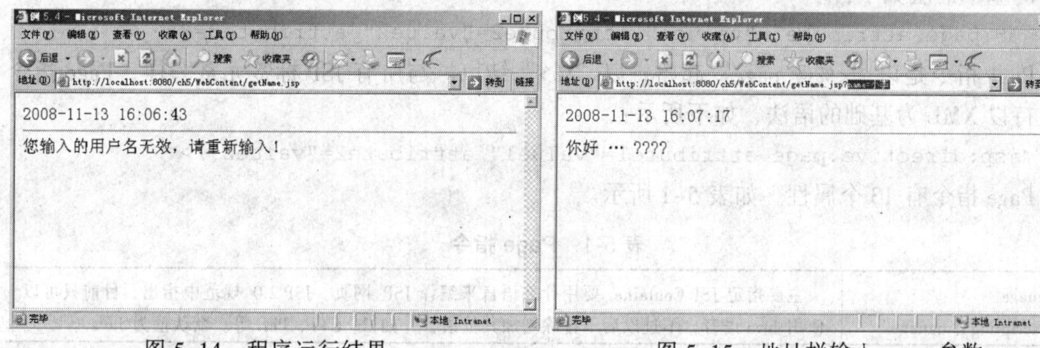

图 5-14　程序运行结果　　　　图 5-15　地址栏输入 name 参数

下面简单介绍一下中文编码的问题。一般在 JSP 页面中，有如下三种方式设置页面编码：

（1）<%@page contentType="text/html; charset=GB2312"%>：设置 JSP 页面编码。

（2）<meta http-equiv=Content-Type content=text/html;charset= GB2312>：一般的 HTML 设置编码使用。

（3）request.setCharacterEncoding("GB2312")：对传递的参数进行编码。

在 JSP 页面中，一般使用（1）、（3）两种页面编码方式，编码方式除了可以使用 GB2312 以外，还可以采用 GBK，其也可以正确地显示中文。编码的选择有时候还要考虑数据库所采用的编码。

5.3　JSP 指令元素

指令（directives）主要用来提供整个 JSP 网页相关的信息，并且用来设定 JSP 网页的相关属性。例如，网页的编码方式、语法、信息等。

起始符号为：<%@

终止符号为：%>

内文部分就是一些指令和一连串的属性设定，如下所示：

```
<%@ directive {attribute="value"}%>
```

一连串的属性设定是什么？举例来说，当设定两个属性时，可以将其合二为一，如下所示：

```
<%@ directive attribute1="value1"%>
<%@ directive attribute2="value2"%>
```

亦可以写成：

```
<%@ directive attribute1="value1" attribute2="value2"%>
```

在 JSP1.2 的规范中，有三种指令：page、include 和 taglib，每一种指令都有各自的属性。下面，会依次介绍这三种指令。

JSP2.0 新增了 Tag File 的功能，它是以.tag 作为扩展名的。在 Tag File 中，因为它并不是 JSP 网页，所以不能使用 page 指令，但是它可以使用 include 和 taglib 指令。除此之外，Tag File 还有自己本身的指令可以使用，如 tag、attribute 和 variable。

5.3.1 Page 指令

Page 指令是最复杂的 JSP 指令，它的主要功能为设定整个 JSP 网页的属性和相关功能。Page 指令的基本语法如下：

```
<%@ page attribute1="value1" attribute2="value2" attribute3=…%>
```

Page 指令是以"<%@ page"起始，以"%>"结束。与所有 JSP 标签元素一样，Page 指令也支持以 XML 为基础的语法，如下所示：

```
<jsp:directive.page attribute1="value1" attribute2="value2"/>
```

Page 指令有 13 个属性，如表 5-1 所示。

表 5-1 Page 指令

language ="scripting Language"	主要指定 JSP Container 要用什么语言来编译 JSP 网页。JSP 2.0 规范中指出，目前只可以使用 Java 语言，不过以后不排除增加其他语言，如 C、C++、Perl 等。默认值为 Java
extends="className"	主要定义此 JSP 网页产生的 Servlet 是继承自哪个父类
import ="importList"	主要定义此 JSP 网页可以使用哪些 Java API
session ="true | false"	决定此 JSP 网页是否可以使用 session 对象。默认值为 True
buffer="none|sizekb|8kb"	决定输出流（output stream）是否有缓冲区。默认值为 8KB 的缓冲区
autoFlush ="true | false"	决定输出流的缓冲区是否要自动清除，缓冲区满了会产生异常（exception）。默认值为 true
isThreadSafe="true|false"	主要是告诉 JSP Container，此 JSP 网页能处理超过一个以上的请求，默认值为 true。如果此值设为 false，SingleThreadModel 将会被使用。SingleThreadModel 在 Servlet 2.4 中已经声明不赞成使用（deprecate）
info ="text"	主要表示此 JSP 网页的相关信息
errorPage= "error_url"	表示如果发生异常错误时，网页会被重新指向哪一个 URL
isErrorPage ="true | false"	表示此 JSP Page 是否为处理异常错误的网页

续表

contentType= "ctinfo"	表示 MIME 类型和 JSP 网页的编码方式
pageEncoding= "ctinfo"	表示 JSP 网页的编码方式
isELIgnored = "true | false"	表示是否在此 JSP 网页中执行或忽略 EL 表达式。如果为 true 时，JSP Container 将忽略 EL 表达式；为 false 时，EL 表达式将被执行

例如：

```
<%@ page info="this is a jsp page"%>
<%@ page language="java" import="java.net.*"%>
<%@ page import="java.net.*,java.util.List"%>
```

注意：

session 属性不允许重复设定两次，只有 import 这个属性可以重复设定。

像<%@ page language = "java" import = "java.net.*" session = "false" buffer = "16KB" autoFlush = "false" session = "false" %>这样的代码，是不符合语法规则的。

而<%@ page import = "java.net.*" %> <%@ page import = "java.util.List" %>是可以的。

另外，再举个较常见的错误例子：

```
<%@ page language="java" contentType="text/html";charset="GB2312"%>
```

应该改为：

```
<%@ page language="java" contentType="text/html;charset=GB2312"%>
```

通常可以以为，只要把 charset 设为 GB2312 的编码方式，就能顺利显示出所需要的中文。但有时候，在显示一些特别的中文字时，如碁，则会变成乱码。

那么我们应该如何解决这个问题？很简单，只要把之前的 charset = GB2312 改为 charset = GBK 的编码方式就能够解决这个问题，如例 5.5 所示。

【例 5.5】GB2312Test.jsp

```
<%@ page contentType="text/html;charset=GB2312" pageEncoding="GB2312" %>
<html>
<head>
<title>例子 5.6-GB2312Test.jsp</title>
</head>
<body>
<h2>使用 GB2312 编码，无法显示某些中文字</h2>
<%
out.println("宏碁电脑公司");
%>
</body>
</html>
```

这里，用户可以分别修改 charset 和 pageEncoding 属性，体会一下这两个字符编码属性的作用。程序运行结果如图 5-16 所示。

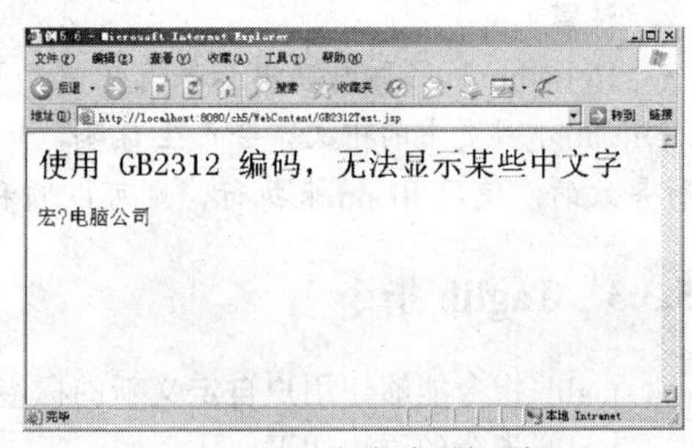

图 5-16　文字编码问题

5.3.2　Include 指令

Include 指令表示：在 JSP 编译时插入一个包含文本或代码的文件，这个包含的过程是静态的，而包含的文件可以是 JSP 网页、HTML 网页、文本文件或是一段 Java 程序。

include 指令的语法如下：

```
<%@ include file = "relativeURLspec" %>
```

include 指令只有 file 一个属性，而 relativeURLspec 表示此 file 的路径。与所有 JSP 标签元素一样，include 指令也支持以 XML 为基础的语法，如下所示：

```
<jsp:directive.include file = "relativeURLspec" />
```

注意：包含文件中要避免使用<html>、</html>、<body>、</body>，因为在原来 JSP 网页中将会影响同样的标签，这样做有时将会导致错误。

<%@ include %>指令是静态包含其他的文件。所谓静态是指 file 不能为一变量 URL，如下的写法是不对的：

```
<% String URL="JSP.html";%>
<%@ include file="<%=URL%>"%>
```

也不可以在 file 所指定的文件后加任何参数，如下的写法也是不正确的：

```
<%@ include file="javaworld.jsp?name=browser"%>
```

同时，file 所指的路径必须是相对于此 JSP 网页的路径，如例 5.6 所示。

【例 5.6】Include.jsp

```
<%@ page contentType="text/html;charset=GB2312"%>
<html>
<head>
<title>例子 5-6 Include.jsp</title>
</head>
<body>
<h2>include 指令</h2>
<%@ include file="Hello.html"%>
<%
out.println("欢迎大家进入 JSP 的世界");
%>
</body>
</html>
```

Hello.html 的代码如下：

```
JSP 2.0 程序设计 HelloWorld!<br>
```

本例的运行效果如图 5-17 所示。

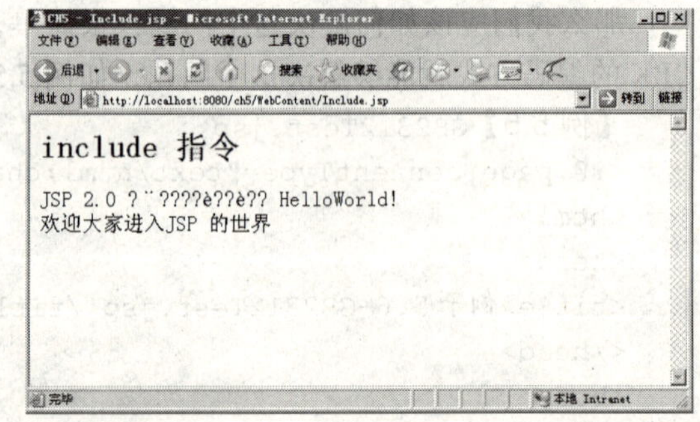

图 5-17 Include 指令程序运行结果

注意：

Hello.html 网页内容中如果有中文，Tomcat 6.0.16 在执行 Include.jsp 时，无法正确显示 Hello.html 网页中的中文，会产生乱码，如图 5-17 所示。出现乱码的原因是 Tomcat 服务器本身所导致的；使用 Resin 来执行，则可以顺利显示中文。

5.3.3 Taglib 指令

taglib 指令能够让用户自定义新的标签。

taglib 指令的语法如下：

```
<%@ taglib uri="tagLibraryURI" prefix="tagPrefix" %>
```

像所有 JSP 标签元素一样，taglib 指令也支持以 XML 为基础的语法，如下所示（属性见表 5-2）：

```
<jsp:directive.taglib uri="tagLibraryURI" prefix="tagPrefix"/>
```

表 5-2　Taglib 指令属性表

属　　性	定　　义
uri = “tagLibraryURI”	主要是说明 taglibrary 的存放位置
prefix= “tagPrefix”	主要用来区分多个自定义标签

范例：

```
<%@ taglib uri="/supertags/"prefix="super"%>
….
<super:doMagic>
…..
…..
</super:doMagic>
```

5.3.4　案例拓展

下面举一个简单的例子。页面中显示日期是在 Web 开发中常用的功能，但日期类 Date 在 java.util 包中，下例将使用 Page 指令来导入 java.util.Date 类。

【例 5.7】Date.jsp

```
<%@ page contentType="text/html;charset=GB2312"%>
<%@ page import="java.util.Date"%>
<html>
<head>
<title>例子 5.7 Date.jsp</title>
</head>
<body>
<h2>使用 java.util.Date 显示目前时间</h2>
<%
Date date=new Date();
out.println("现在时间:"+date);
%>
</body>
</html>
```

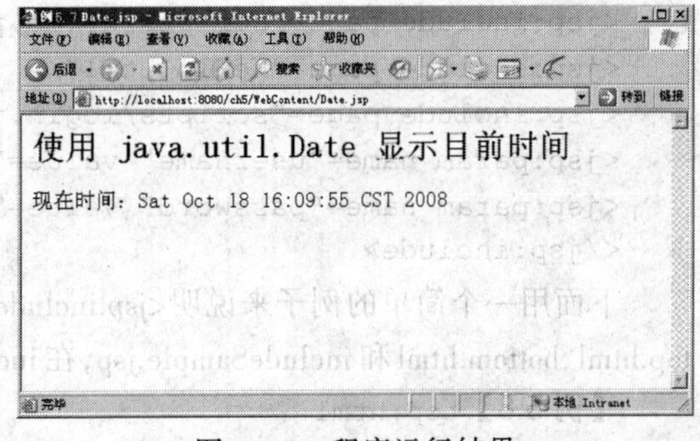

图 5-18　程序运行结果

因为 Date.jsp 要显示现在的时间，所以要先导入（import）java.util 这个类，才可以使用 Date( )类。执行结果如图 5-18 所示。

如果在一个 JSP 网页中同时需要导入很多类库，可以写成：

```
<%@ page import="java.util.Date"%>
<%@ page import="java.text.*"%>
```

也可以写为：

```
<%@ page import="java.util.Date,java.text.*"%>
```

直接使用逗号“,”分开，然后一直串接下去即可。

5.4 JSP 动作元素

5.4.1 Include 动作

<jsp:include>元素允许包含动态和静态文件，这两种文件产生的结果是不尽相同的。如果包含进来的是静态文件，那么只是将静态文件的内容加到 JSP 网页中；如果包含进来的为动态文件，那么这个被包含的文件也会被 JSP 容器编译执行。

一般而言，不能直接从文件名称上来判断一个文件是动态的还是静态的，如 Hello.jsp，有可能只是单纯包含一些信息，而不需要执行。但是，<jsp:include>能够自行判断此文件是动态的还是静态的，于是能同时处理这两种文件。

<jsp:include>的语法：

```
<jsp:include page="{urlSpec|<%=expression%>}"flush="true|false"/>
```

或

```
<jsp:include page="{urlSpec|<%= expression %>}"flush="true|false">
<jsp:param name="PN"value="{PV|<%=expression%>}"/>*
</jsp:include>
```

说明：

<jsp:include>有两个属性：page 和 flush。

page：可以代表一个相对路径，即所包含进来的文件位置或是经过表达式运算出的相对路径。

flush：接受的值为 boolean，假若为 true，缓冲区满时，将会被清空。flush 的默认值为 false。

在此需要补充一点：在 JSP 1.2 之前，flush 必须设为 true。

此外，还可以用<jsp:param>传递一个或多个参数给 JSP 网页。

范例：

```
<jsp:include page="scripts/Hello.jsp"/>
<jsp:include page="Hello.html"/>
<jsp:include page="scripts/login.jsp">
<jsp:param name="username" value="browser"/>
<jsp:param name="password" value="1234"/>
</jsp:include>
```

下面用一个简单的例子来说明<jsp:include>元素的使用如例 5.8 所示。本例共包含三个页面：top.html、bottom.html 和 includeSample.jsp，在 includeSample.jsp 页面中包含 top.html 和 bottom.html。

【例 5.8】top.html

```
<html>
<head>
<title>《JSP 程序设计》网站</title>
</head>
<body>
<p align="center"><b><font size="5">《JSP 程序设计》网站</font></b></p>
bottom.html
<hr>
```

```
<p align="center">
<font size="3">@中国铁道出版社版权所有 2004-2008</font><br>
<font size="3">制作人: 于静</font><br>
<font size="3">联系方式: qzforyou@163.com</font><br>
</body>
</html>
includeSample.jsp
<%@ page contentType="text/html;charset=gb2312"%>
<%@ include file="top.html"%>
<p align="center">
<%out.println("实用、适用，更加方便教学的使用是本教材永远不变的目标！");%>
</p>
<%@ include file="bottom.html"%>
```

5.4.2　forward 动作

<jsp:forward>的定义：将客户端所发出来的请求，从一个 JSP 网页转交给另一个 JSP 网页。不过要特别注意，<jsp:forward>标签之后的程序将不能执行。

<jsp:forward>的语法：

```
<jsp:forward page={"relativeURL"|"<%=expression%>"}/>
```

或

```
<jsp:forward page={"relativeURL"|"<%=expression%>"}>
<jsp:param name="PN" value="{PV|<%=expression%>}"/>*
</jsp:forward>
```

说明：

如果加上<jsp:param>标签，就能够向目标文件传送参数和值，不过这些目标文件应该也是能够取得这些请求参数的动态文件。例如，.cgi、.php、.asp 等。

<jsp:forward>属性：page。page 的值，可以是一个相对路径，即所要重新导向的网页位置，亦可以是经过表达式运算出的相对路径。

范例：

```
<jsp:forward page="/SayHello.jsp"/>
```

或者

```
<jsp:forward page="/SayHello.jsp">
<jsp:param name="username" value="Mike"/>
</jsp:forward>
```

下面进行说明如例 5.9 所示：

【例 5.9】 myforward.jsp

```
<%@ page contentType="text/html;charset=gb2312"%>
<html>
<body>
<form name="form1" action="myforward.jsp" method="post" >
程序示例链接:
<select name="goaddress" onchange="javascript:form1.submit()">
```

```
    <option value="novalue"></option>
    <option value="1">第一个页面</option>
    <option value="2">第二个页面</option>
    <option value="3">第三个页面</option>
  </select>
  </form>
  <%// forward应用示例Java程序片
    String s=null;
    s=request.getParameter("goaddress");
    if(s!=null)
    {  switch(s.charAt(0))
      {  case '1':
  %>
        <jsp:forward page="top.html"/>
      <%
          break;
        case '2':
      %>
        <jsp:forward page="bottom.html"/>
      <%
          break;
        case '3':
      %>
        <jsp:forward page="includeSample.jsp"/>
      <%
          break;
        default:
          out.println("您没有选择。");
      }
    }
    else
      out.println("您没有选择。");
      %>
  </body>
  </html>
```

上面这个范例在执行时，根据用户的选择会分别跳到不同的页面。

5.4.3 param 动作

<jsp:param>用来提供 key/value 的信息，也可以与<jsp:include>、<jsp:forward>和<jsp:plugin>一起搭配使用。

当在用<jsp:include>或者<jsp:forward>时，被包含的网页或转向后的网页会先检测 request 对象里除了原本的参数值之外，有没有再新增加参数值。如果增加了新的参数值，则新的参数值在执行时，会有较高的优先权。例如：

一个 request 对象有一个参数 A = foo；另一个参数 A = bar 是在转向时所传递的参数，则网页中的 request 应该会为 A = bar,foo。注意：新的参数值有较高的优先权。

<jsp:param>的语法：

```
<jsp:param name="ParameterName" value="ParameterValue"/>
```

<jsp:param>有两个属性：name 和 value。name 的值就是 parameter 的名称；而 value 的值就是 parameter 的值。

范例：

```
<jsp:param name="username" value="Mike"/>
<jsp:param name="password" value="Mike007"/>
```

5.4.4　plugin 动作

<jsp:plugin>用于在浏览器中播放或显示一个对象（通常为 Applet 或 Bean）。

当 JSP 网页被编译后送往浏览器执行时，<jsp:plugin>将会根据浏览器的版本替换成<object>标签或者<embed>标签。一般来说，<jsp:plugin>会指定对象 Applet 或 Bean，同样也会指定类的名字和位置，另外还会指定下载这个 Java 组件的位置。

注意：
<object>用于 HTML 4.0,<embed>用于 HTML3.2。

<jsp:plugin>的语法：

```
<jsp:plugin type="bean|applet"
code="objectCode"
codebase="objectCodebase"
[align="alignment"]
[archive="archiveList"]
[height="height"]
[hspace="hspace"]
[jreversion="jreversion"]
[name="ComponentName"]
[vspace="vspace"]
[width="width"]
[nspluginurl="URL"]
[iepluginurl="URL"]>
[<jsp:params>
[<jsp:param name="PN" value="{PV|<%=expression%>}"/>]+
</jsp:params>]
[<jsp:fallback> text message for user</jsp:fallback>]
<jsp:plugin>
```

说明：

- type=“bean | applet”：对将被执行的对象类型，应指定是 Bean 还是 Applet，因为这个属性没有默认值。
- code=“objectCode”：将被 Java Plugin 执行的 Java 类名称，应以.class 结尾，并且.class 类文件必须存在于 codebase 属性所指定的目录中。

- codebase= “objectCodebase”：如果没有设定将被执行的 Java 类的目录（或者是路径）属性，默认值为使用<jsp:plugin>的 JSP 网页所在目录。
- align= “alignment”：图形、对象、Applet 的位置。align 的值可以为：bottom、top、middle、left、right
- archive= “archiveList”：一些由逗号分开的路径名用于预先加载一些将要使用的类，此做法可以提高 Applet 的性能。
- name= “ComponentName”：表示这个 Bean 或 Applet 的名字。
- height= “height” width= “width”：显示 Applet 或 Bean 的长、宽的值，单位为像素（pixel）。
- hspace= “hspace” vspace= “vspace”：表示 Applet 或 Bean 显示时在屏幕左右、上下所需留下的空间，单位为像素（pixel）。
- jreversion=“jreversion”：表示 Applet 或 Bean 执行时所需的 Java Runtime Environment (JRE) 版本，默认值是 1.1。
- nspluginurl= “URL”：表示 Netscape Navigator 用户能够使用的 JRE 下载地址，此值为一个标准的 URL。
- iepluginurl=“URL”：表示 IE 用户能够使用的 JRE 的下载地址，此值为一个标准的 URL。
- <jsp:params>

  ```
  <jsp:param name= “PN” value= “{PV | <%= expression %>}” />
  </jsp:params>
  ```

  可以传送参数给 Applet 或 Bean。
- <jsp:fallback> unable to start plugin </jsp:fallback>：

一段文字用于当不能启动 Applet 或 Bean 时，那么浏览器会有一段错误信息。

范例：

```
<jsp:plugin type="applet" code="Molecule.class" codebase="/html">
<jsp:params>
<jsp:param name="molecule" value="molecules/benzene.mol"/>
</jsp:params>
<jsp:fallback>
<p>Unable to start plugin</p>
</jsp:fallback>
</jsp:plugin>
```

5.4.5 JavaBean 相关动作

JavaBean 的使用是开发 JSP 应用系统常用的架构，JavaBean 引入的其中一种方式就是使用<jsp:useBean>指令。useBean 指令的格式为：

```
<jsp:useBean id="实例化对象名" scope="使用范围" class="包名.类名"/>
```

有关 useBean 指令的使用将在第 8 章详细介绍，此处不再描述。

5.4.6 案例拓展

在网站页面设计中，对于较为复杂的页面，一般采取的处理方式是把网页的页眉、页脚和网页的主体分开，这种处理方式可以实现页面的复用，同时非常方便地进行页面维护。

1. 新建 JSP 页面 top.jsp

网页的页眉主要部分包括学生管理信息系统的欢迎信息，本页面代码与普通 JSP 页面格式相同，同样包含 Page 指令和静态页面的<html>等标签。在欢迎信息中，从 session 中取出已登录成功用户的信息。

【例 5.10】页眉 top.jsp

```
<%@ page language="java"  contentType="text/html;charset=gbk"%>
<html>
  <head>
    <title>页眉</title>
<style>
.time { font-size:16pt;line-height:20pt;color:red;}
</style>
    <style type="text/css">
<!--
.style6 {font-size:24px}
-->
    </style>
  </head>
  <%
     response.setContentType("text/html;charset=gbk");
     request.setCharacterEncoding("gbk");
  %>
   <body >
   <table width="801" height="91" border="0" align="center" cellpadding=
   "0"cellspacing="0" background="img/banner0.gif">
     <tr>
       <td width="608" rowspan="2"> <p class="style6"><br>
       </td>
       <td height="15"></td>
       <td width="41" rowspan="3" bgcolor="#b5d3e7"> </td>
     </tr>
     <tr>
       <td width="152" height="41" >
       </td>
     </tr>
     <tr>
      <td width="608" ><span class="style6">欢迎<font color=white> ${sessionScope.
      name}</font>进入学生信息管理系统</span></td>
       <td height="35"></td>
     </tr>
  </table>
  <DIV class=time id=tim1
   style="HEIGHT:20px; LEFT:763px;POSITION:absolute; TOP:60px; WIDTH:5px">
```

```
  </DIV>
  <DIV class=time id=tim2
   style="FILTER:flipv() alpha(opacity=20);FONT-STYLE:italic;POSITION:
   absolute;left:654px;top:19px;">
  </DIV>
  </body>
</html>
```

2. 新建 JSP 页面 foot.jsp

页脚页面中主要包含学生管理信息系统的版权信息。

页脚页面 foot.jsp

```
<%@ page language="java" contentType="text/html;charset=gbk"%>
<html>
  <head>
      <title>页脚</title>
</head>
  <body>
  <TABLE width=800 height="82" border=0 align="center" cellPadding=0 cellSpacing
  =0>
  <TR>
    <TD width="800" background=img/footbg.gif><div align="center">
             <font color="white">笃学 身正</font> | 
             <font color="white">高效 厚德</font></div>
    </TD>
  </TR>
<TR>
    <TD>
    <div align="center">
    版权所有 &copy; 2007 <BR>
    电话:  13173005807 <BR>
    地址: 山东省济南市历下区解放路79号 E-mail: mousehellen@hotmail.com </div>
    </TD>
  </TR>
  </TABLE>
  </body>
</html>
```

3. 新建 JSP 页面 main.jsp

主页面是学生信息管理系统的主功能页面，包含系统功能模块的链接，“添加信息”、“浏览信息”、“查找信息”、“添加用户”、“系统帮助”，在页面<body>标签前面使用<jsp:include>包含 top.jsp 页面，在</body>后面，同样用<jsp:include>包含 foot.jsp 页面。

主页面 main.jsp

```
<%@ page language="java"contentType="text/html;charset=gb2312"%>
<html>
  <head>
   <title>主页面</title>
```

```
        <meta http-equiv="Content-Type" content="text/html; charset=gb2312">
  </head>
  <jsp:include page="top.jsp" />
  <body>

   <table width="801" height="198" border="0" align="center">
   <tr >
   <td width="60" height="22" background="img/top1_12.gif"> </td>
   <td width="110" background="img/top1_12.gif" align="center"><img
   src="img/icon_01.gif" width="14" height="11"border="0"><a href=
   "add.jsp" target="frm" class= "style2">添加信息</a></td>
   <td width="110"  background="img/top1_12.gif" align="center">
<img src="img/icon_01.gif" width="14" height="11"border="0">
<a href="/studentManage/servlet/look_Servlet" target="frm" class="style2">
浏览信息</a></td>
   <td width="110"  background="img/top1_12.gif" align="center">
<img src="img/icon_01.gif" width="14" height="11"border="0">
<a href="search.jsp" target="frm" class="style2">查找信息</a></td>
   <td width="110"  background="img/top1_12.gif" align="center">
   <img src="img/icon_01.gif" width="14" height="11" border="0">
<a href="addUser.jsp" target="frm" class="style2"/>添加用户</td>
   <td width="110"  background="img/top1_12.gif" align="center">
<img src="img/icon_01.gif" width="14" height="11" border="0">
<a href="help.jsp" target="frm" class="style2">系统帮助</a></td>
   <td width="74"  background="img/top1_12.gif" align="center">
<img src="img/icon_01.gif" width="14" height="11" border="0">
<a href="/" onClick="javascript:window.close();return false;" class="style2">
退出</a></td>
  <td width="45" background="img/top1_12.gif" align="center">& nbsp;</td>
  </tr>
  <tr>
    <td height="168" colspan="9"  >
    <iframe align="top" src="view.jsp" name="frm" scrolling="yes"
    width="801" height="500" frameborder="0">
     </iframe>
     </td>
  </tr>
</table>
<br>
</body>
<jsp:include page="foot.jsp" />
</html>
```

运行 main.jsp 页面，效果如图 5-19、图 5-20 所示。

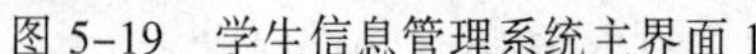

图 5-19　学生信息管理系统主界面 1

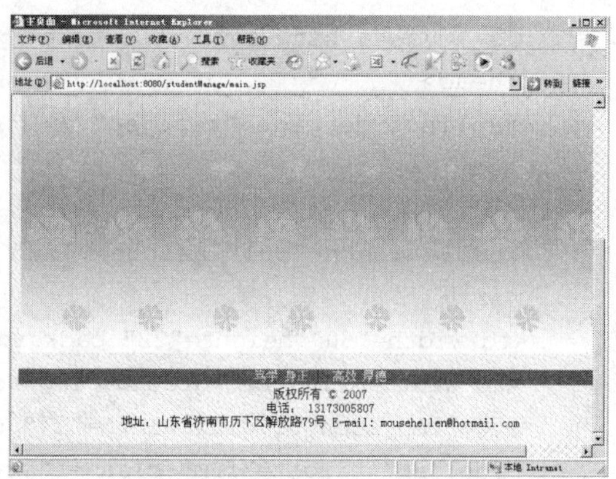

图 5-20　学生信息管理系统主界面 2

在访问的 main.jsp 页面中，使用<jsp:include>包含了 top.jsp 和 foot.jsp 页面，对于 top.jsp 和 foot.jsp 也可包含在其他的显示页面中，这样整个应用程序的页面和页脚页面部分就实现了统一。同时，在维护页面时，可以很方便地对页面进行修改。

还可以考虑把本系统的菜单部分也放到 top.jsp 页面中。

小　结

本章介绍了 JSP 的基本语法，其中包括注释、脚本元素、指令和动作元素。本章是 JSP 编程的基础，在学习的时候应多加练习，其中部分语法将在后续章节中继续使用。

习　题

一、填空题

1. 在 JSP 规范中，可以使用两种格式的注释：一种是__________；另一种是__________。在客户端浏览器的源代码中可以看到__________注释。
2. JSP 的语法元素主要包括：__________、__________、__________、__________和__________。
3. 指令元素分为三种，分别是__________、__________和__________。
4. 在 JSP 三种指令中，用来定义与页面相关属性的指令是__________；用于在 JSP 页面中包含另一个文件的指令是__________；用来定义一个标签库以及其自定义标签前的指令是__________。
5. __________指令可在 JSP 页面出现该指令的位置处，静态插入一个文件。
6. JSP 中标准的动作元素包括：__________、__________、__________、__________、__________、__________和__________。
7. Page 指令的 MIME 类型的缺省值为__________，缺省字符集为__________。
8. JSP 程序中要用到的变量或方法必须首先__________。

二、问答题

1. 输出注释和隐藏注释的区别和应用场合。

2. Page 指令常见的属性有哪些，分别代表什么含义？
3. 说出<%@ page include%>、<%@ include%>、<jsp:include>三者的区别？
4. 动态网页设计中，有几种页面跳转方式，比较几种跳转方式的区别并介绍分别是如何实现的？
5. 使用标识符<%%>可以进行哪几方面的应用？

三、编程题

制作 JSP 页面，使该页面静态包含另一个 a.html 网页。

第6章 JSP内置对象

JSP 的内置对象由 JSP 容器自动为 JSP 页面提供，是预先存在的。在编写 JSP 程序时，可以直接使用它们。

JSP 常用的内置对象有如下几个：

- out：传送信息到客户端的浏览器。
- request：包装客户端的请求信息。
- response：响应客户端的请求。
- session：客户端请求的一次会话。
- application：取得或更改 Servlet 的设定。

除了以上这些常用对象，还有 config、page、pageContext、exception、cookie 等对象。本章将详细讲述这些对象。

6.1 out 对 象

6.1.1 out 对象常用方法

out 对象能把结果输出到客户端的浏览器，最常用的方法是 out.print (String name)和 out.println(String name)，它们两者最大的差别在于后者在输出完内容后能够自动换行。

out 对象除了这两种方法最常使用之外，还有一些方法，这些方法主要是用来控制管理输出的缓冲区（buffer）和输出流（output stream）。

out 对象常用方法及说明如下：

- void clear()：清除输出缓冲区的内容。
- void close()：关闭输出流，清除所有的内容。
- int getBufferSize()：取得目前缓冲区的大小（KB）。
- int getRemaining()：取得目前使用后剩下的缓冲区大小（KB）。
- boolean isAutoFlush()：如果回传为 true，表示如果缓冲区满了，会自动清除缓冲区中的内容；若为 false，表示如果缓冲区满了，不会自动清除，而会产生异常处理。

6.1.2 out 对象应用实例

在这里举个例子，说明如何知道目前输出缓冲区的大小。

【例 6.1】Out.jsp

```
<%@ page contentType="text/html;charset=GB2312" %>
<html>
<head>
<title>Out.jsp</title>
</head>
<body>
<h2>javax.servlet.jsp.JspWriter - out 对象</h2>
<%
int BufferSize=out.getBufferSize();
int Available=out.getRemaining();
int Used=BufferSize-Available;
%>
BufferSize : <%=BufferSize%><br>
Available : <%=Available%><br>
Used : <%=Used%><br>
</body>
</html>
```

说明：BufferSize 是一开始默认缓冲区的大小，默认值为 8KB；Available 则是表示经过程序的执行，目前缓冲区剩下多少可以使用；而 Used 则表示使用了多少的缓冲区。Out.jsp 的执行结果如图 6-1 所示。

再举一个输出当前系统时间的例子。

【例 6.2】outTime.jsp

```
<%@ page contentType="text/html;charset=GB2312"%>
<%@ page import="java.util.Date"%>
<HTML>
<BODY><Font size=7>
<%
  Date Now=new Date();
  String hours=String.valueOf(Now.getHours());
  String mins=String.valueOf(Now.getMinutes());
  String secs=String.valueOf(Now.getSeconds());
%>
现在是
<%out.print(hours);%>
小时
<%out.print(mins);%>
分
<%out.print(secs);%>
秒
  </BODY>
</HTML>
```

程序的运行结果如图 6-2 所示。

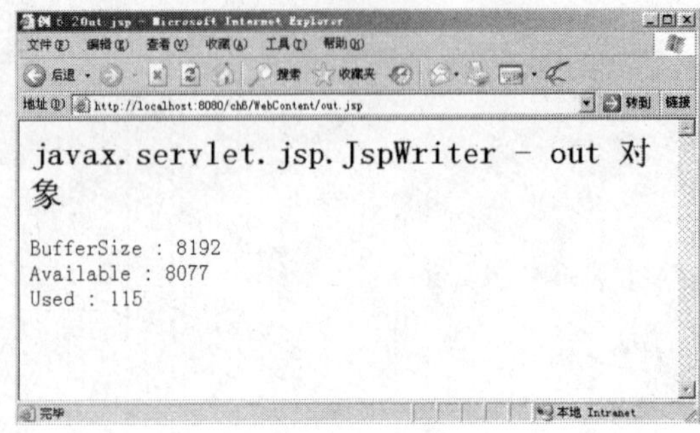

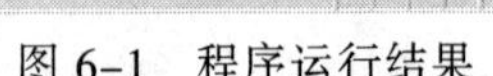
图 6-1 程序运行结果

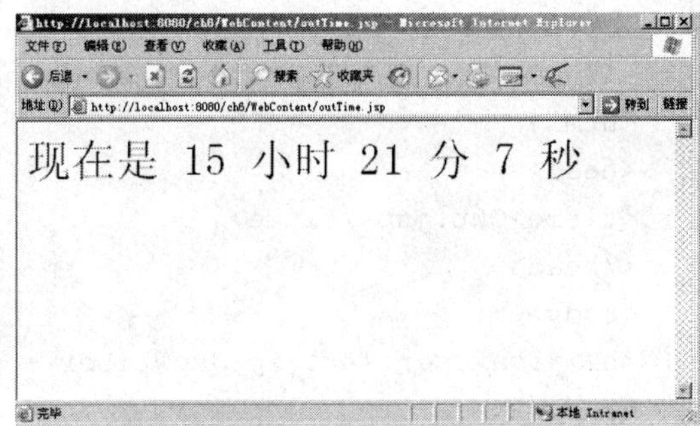

图 6-2 显示当前系统时间

6.2 request 对 象

6.2.1 request 对象常用方法

当客户端请求一个 JSP 页面时，JSP 容器会将客户端的请求信息包装在 request 对象中，请求信息包括请求的头信息（head）、系统信息（如编码方式）、请求的方式（如 GET 或 POST）、请求的参数名称和参数值等信息。

request 对象实现了 javax.servlet.http.HttpServletRequest 接口，可以将 HttpServletRequest 接口提供的方法分为四大类。

（1）储存和取得属性方法。

SetAttribute()和 getAttribute()

（2）取得请求参数的方法。

- String getParameter(String name)：取得参数值。
- Enumeration getParameterNames()：取得所有的参数名称。
- String [] getParameterValues(String name)：取得所有参数的值。
- Map getParameterMap()：取得一个要求参数的 Map。

（3）取得请求 HTTP 标头的方法。

- String getHeader(String name)：取得 name 的标头。
- Enumeration getHeaderNames()：取得所有的标头名称。
- Enumeration getHeaders(String name)：取得所有 name 的标头。
- int getIntHeader(String name)：取得整数类型 name 的标头。
- long getDateHeader(String name)：取得日期类型 name 的标头。
- Cookie [] getCookies()：取得与请求有关的 cookies。

（4）其他的方法。例如：取得请求的 URL、IP 和 session。

- String getContextPath( )：取得 Context 路径。
- String getMethod( )：取得 HTTP 的方法（GET、POST）。
- String getProtocol( )：取得使用的协议（HTTP/1.1、HTTP/1.0 ）。
- String getQueryString( )：取得请求的参数字符串，HTTP 的方法必须为 GET。
- String getRequestedSessionId( )：取得用户端的 Session ID。

- String getRequestURI( )：取得请求的 URL，但是不包括请求的参数字符串。
- String getRemoteAddr( )：取得用户的 IP 地址。
- String getRemoteHost( )：取得用户的主机名称。
- int getRemotePort( )：取得用户的主机端口。
- String getRemoteUser( )：取得用户的名称。
- void setCharacterEncoding(String encoding)：设定编码格式，用来解决窗体传递中文的问题。

6.2.2　request 对象应用实例

下面通过一个实例来看看如何取出用户填写的登录信息。实现步骤：首先编写一个 HTML 表单，然后编写一个 JSP 页面读取 HTML 表单的数据。具体代码如下：

（1）首先编写一个 HTML 表单，提供两个输入框，一个输入用户名，一个输入密码，如例 6.3 所示。

【例 6.3】request.html

```
<html>
<head>
<title> request.html</title>
<meta http-equiv="Content-Type" content="text/html; charset=GB2312">
</head>
<body>
<form action="request.jsp" method="POST">
Name: <input type="text" name="Name" size="20" maxlength="20"><br>
Number: <input type="text" name="Number" size="20" maxlength="20"><br><br>
<input type="submit" value="传送">
</form>
</body>
</html>
```

当用户提交时，用 request.jsp 来处理提交的数据。

（2）编写 Request.jsp，读取和处理提交的 HTML 表单数据，代码如例 6.4 所示。

【例 6.4】request.jsp

```
<%@ page language="java" contentType="text/html;charset=GB2312" %>
<html>
<head>
<title> request.jsp</title>
</head>
<body>
<h2>javax.servlet.http.HttpServletRequest 接口所提供的方法</h2>
getParameter("Name"): <%=request.getParameter("Name")%><br>
getParameter("Number"): <%=request.getParameter("Number")%><br>
getAttribute("Name"): <%=request.getAttribute("Name")%><br>
getAttribute("Number"): <%=request.getAttribute("Number")%><br><br>
getAuthType( ): <%=request.getAuthType()%><br>
getProtocol( ): <%=request.getProtocol()%><br>
```

```
getMethod( ): <%=request.getMethod()%><br>
getScheme( ): <%=request.getScheme()%><br>
getContentType( ): <%=request.getContentType()%><br>
getContentLength( ): <%=request.getContentLength()%><br>
getCharacterEncoding( ): <%=request.getCharacterEncoding()%><br>
getRequestedSessionId( ): <%=request.getRequestedSessionId()%><br><br>
getContextPath( ): <%=request.getContextPath()%><br>
getServletPath( ): <%=request.getServletPath()%><br>
getPathInfo( ): <%=request.getPathInfo()%><br>
getRequestURI( ): <%=request.getRequestURI()%><br>
getQueryString( ): <%=request.getQueryString()%><br><br>
getRemoteAddr( ): <%=request.getRemoteAddr()%><br>
getRemoteHost( ): <%=request.getRemoteHost()%><br>
getRemoteUser( ): <%=request.getRemoteUser()%><br>
getRemotePort( ): <%=request.getRemotePort()%><br>
getServerName( ): <%=request.getServerName()%><br>
getServerPort( ): <%=request.getServerPort()%><br>
</body>
</html>
```

Name 和 Number 分别是程序中文本框的名字，执行程序 request.html，输入用户名、密码，如图 6-3 所示。

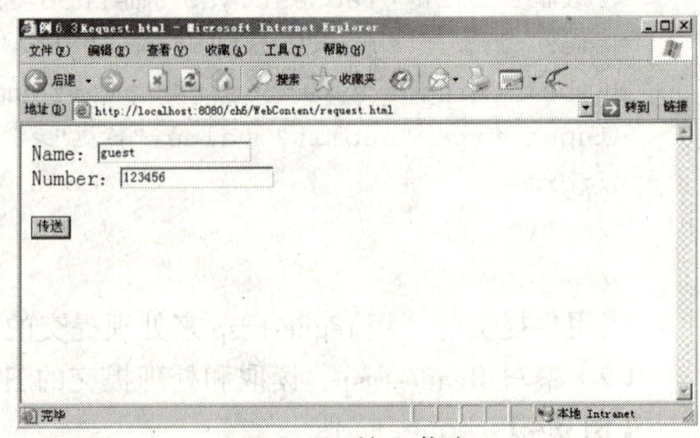

图 6-3　输入信息

输入完毕，单击“传送”按钮，程序运行结果如图 6-4 所示。

在 Request.jsp 中，使用 Request.get Parameter (“Name”)和 Request. get Parameter (“Number”)，能够取得 request.html 中 form 表单的值。除了取得请求的参数值之外，也能取得一些相关信息，如使用的协议、方法、URI 等。

在实验过程中，可能出现如图 6-5 的提示，错误的原因是 Request.jsp 的文件名命名错误。在 Java 中，对于文件名是区分大小写的，在上机练习和开发过程中要注意。

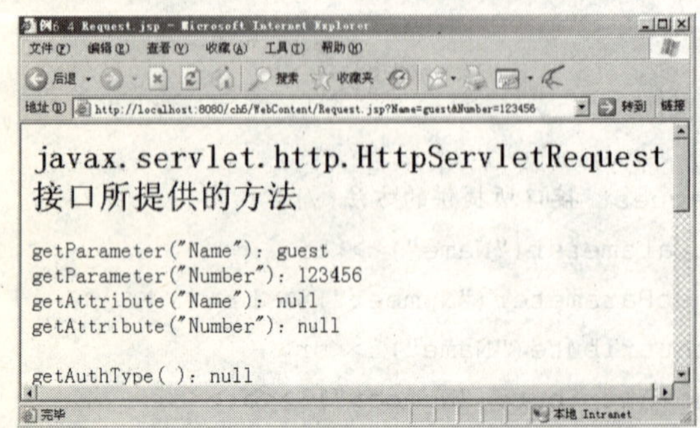

图 6-4　Request.jsp 的运行结果

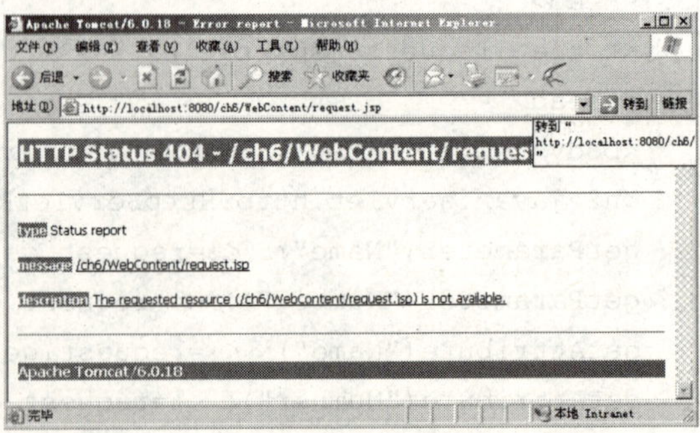

图 6-5　错误提示

6.2.3　案例拓展

在数据库应用系统的开发过程中，系统登录模块基本上是必不可少的。在本书提供的学生信息管理系统中，同样存在登录模块。下面结合学生信息管理系统的登录模块，进一步学习 request 对象的使用，编写 4 个 JSP 页面：login.jsp、logincheck.jsp、main.jsp、loginerror.jsp。具体实现如下：

（1）编写 login.jsp：为用户登录页面。

【例 6.5】 login.jsp

```
<%@ page language="java" contentType="text/html;charset=gbk"%>
<html>
  <head>
<script type="text/javascript">
   function check(frm_login){
   if(frm_login.name.value==""){
      window.alert("请输入名字！");
      frm_login.name.focus();
      return (false);
   }
   if(frm_login.pwd.value==""){
     window.alert("请输入密码");
     frm_login.pwd.focus();
     return (false);
   }
 }
</script>
      <title>用户登录页面</title>
</head>
<%
  response.setContentType("text/html;charset=gbk");
  request.setCharacterEncoding("gbk");
%>
<body background="img/bg_login.gif">
    <H1> </H1>
    <p> </p>
    <p> </p>
    <table width="970" height="318" border="0">
      <tr>
        <td height="62" colspan="2" background="img/top_2.jpg"></td>
        <td width="139"> </td>
        <td width="363"> 
  <%
  String err=(String) request.getAttribute("err1");
```

```
  if(err!=null){
     if(err.equals("you input wrong")){
%>
请输入正确的用户名、密码
 <%
  }
 }
%>
  </td>
</tr>
<tr>
 <td width="258" height="175"></td>
 <td colspan="2">
<form name="frm_login" action="logincheck.jsp" method="post"
    onsubmit="return check(frm_login);">
   <p align="center"><br><br>
   名字：<INPUT type="text" name="name"><br><br>
   密码：<INPUT type="password" name="pwd"><br>
   </p>
   <p align="center">
  <input type="Image"name="submit" src=img/login_top.jpg width="70" height="22">
   <a href="addUser.jsp">
<img src=img/reg_top.jpg width="70" height="22" border="0"></a><br>
   </p>
 </form>
   </td>
      <td> </td>
 </tr>
  </table>
</body>
</html>
```

（2）编写 logincheck.jsp，读取登录信息，并进行验证。

【例 6.6】logincheck.jsp

```
<%
String name=request.getParameter("name");
String pwd=request.getParameter("pwd");
if(name.equals("admin") && pwd.equals("123")){
%>
<jsp:forward page="main.jsp"/>
<%}
else
{%>
```

```
<jsp:forward page="loginerror.jsp"/>
<%} %>
```

（3）编写登录成功的转向页面 main.jsp。

【例 6.7】main.jsp

```
<%@ page language="java" contentType="text/html;charset=gb2312"
pageEncoding="GB2312"%>
<html>
<head>
<meta http-equiv="Content-Type" content="text/html; charset=ISO-8859-1">
<title>学生信息管理系统</title>
</head>
<body>
          <h2>登录成功!</h2>
</body>
</html>
```

（4）编写登录失败的转向页面 loginerror.jsp。

【例 6.8】loginerror.jsp

```
<%@ page language="java" contentType="text/html; charset=GB2312"
pageEncoding="GB2312"%>
<html>
<head>
<meta http-equiv="Content-Type" content="text/html; charset=ISO-8859-1">
<title>登录失败</title>
</head>
<body>
<h2>登录失败。请<a href='login.jsp'>返回</a></h2>
</body>
</html>
```

在本示例代码中用到了 response 对象，有关 response 对象的使用将在 6.3 节详细介绍。另外，一般系统登录模块都会用到连接和查询数据库的代码，本例仅做演示，具体的数据库访问的代码将在后续章节讲解。

运行 login.jsp 页面，效果如图 6-6 所示。

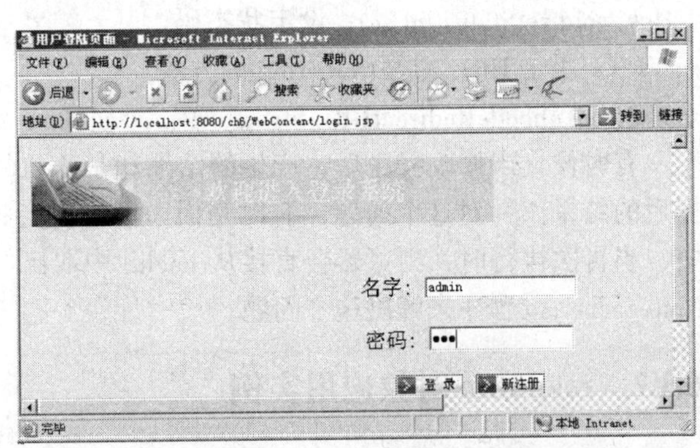

图 6-6　登录界面运行结果

输入名字和密码后单击“登录”按钮，如果名字和密码输入正确，则登录系统，显示登录成功，如图 6-7 所示；如果名字或密码输入错误，则提示登录失败，如图 6-8 所示。

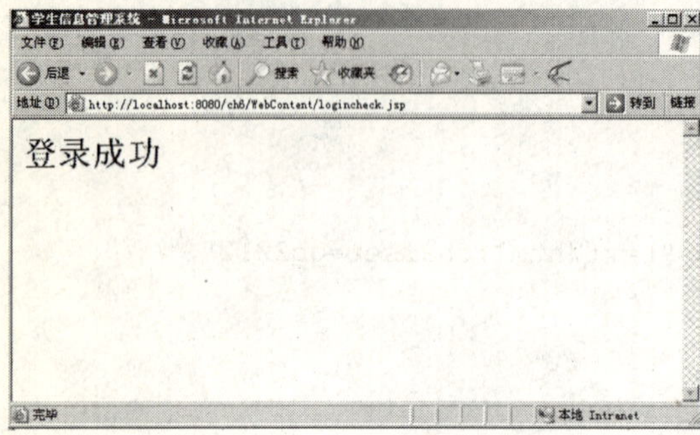

图 6-7　登录成功

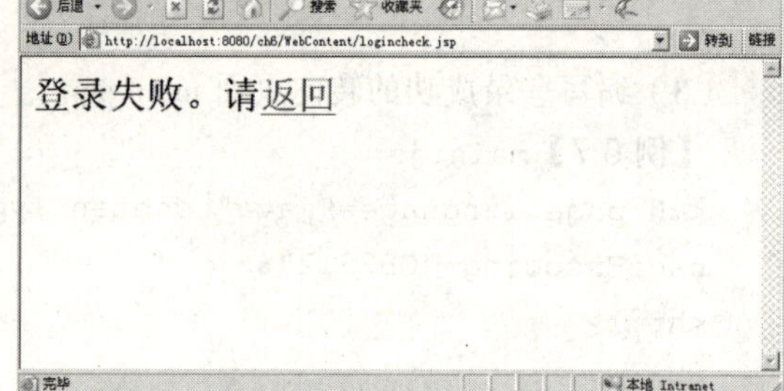

图 6-8　登录失败

6.3　response　对　象

6.3.1　response 对象常用方法

response 对象主要将 JSP 处理数据后的结果传回到客户端。response 对象实现了 javax.servlet.http.HttpServletResponse 接口。response 对象的方法如下：

（1）设定表头的方法及说明。

- void addCookie(Cookie cookie)：新增 cookie。
- void addDateHeader(String name, long date)：新增 long 类型的值到 name 标头。
- void addHeader(String name, String value)：新增 String 类型的值到 name 标头。
- void addIntHeader(String name, int value)：新增 int 类型的值到 name 标头。
- void setDateHeader(String name, long date)：指定 long 类型的值到 name 标头。
- void setHeader(String name, String value)：指定 String 类型的值到 name 标头。
- void setIntHeader(String name, int value)：指定 int 类型的值到 name 标头。

（2）设定响应状态码的方法及说明。

- void sendError(int sc)：传送状态码(status code)。
- void sendError(int sc, String msg)：传送状态码和错误信息。
- void setStatus(int sc)：设定状态码。

（3）用于 URL 重写(rewriting)的方法。

String encodeRedirectURL(String url)：对使用 sendRedirect( )方法的 URL 予以编码。

有时候，当修改程序后，产生的结果却是之前的数据，执行刷新浏览器，才能看到更改数据后的结果。针对这个问题，有时是因为浏览器会将之前浏览过的数据存放在浏览器的 cache 中，当再次执行时，浏览器会直接从 cache 中取出。因此，会显示之前旧的数据。可以用一个 Non-cache.jsp 程序来解决这个问题。

6.3.2　response 对象应用实例

【例 6.9】Non-cache.jsp

```
<%@ page contentType="text/html;charset=GB2312" %>
<html>
<head>
```

```
<title> Non-cache.jsp</title>
</head>
<body>
<h2>解决浏览器 cache 的问题-response</h2>
<%
if (request.getProtocol().compareTo("HTTP/1.0")==0)
response.setHeader("Pragma","no-cache");
else if (request.getProtocol().compareTo("HTTP/1.1")==0)
response.setHeader("Cache-Control","no-cache");
response.setDateHeader("Expires",0);
%>
</body>
</html>
```

先用 request 对象取得协议，如果为 HTTP/1.0，就设定标头，内容为 setHeader (“Pragma”, “no-cache”)；若为 HTTP/1.1，就设定标头为 response.setHeader (“Cache-Control”,“no-cache”), 最后再设定 response.setDateHeader(“Expires”,0)。这样，Non-cache.jsp 网页在浏览后，就不会再存放到浏览器或是 proxy 服务器的 cache 中了。

有时候，想要让网页自动更新，会用到 refresh 这个标头。举个例子，设置浏览器，每隔 3min，就重新加载此网页：response.setIntHeader(“refresh” ,180)；如果想要过 10s 后，调用浏览器转到 http://Server/Path 的网页时，可用如下代码：

```
response.setHeader("Refresh","10;URL=http://Server/Path" )
```

HTML 语法中也有类似的功能：

```
<META HTTP-EQUIV="Refresh" CONTENT="10; URL=http://Server/Path" >
```

上述两种方法都可以做到自动重新加载。

response 对象可以指明输出数据的类型，在输出特定类型数据时有很大作用，如网页中的数据导出输出 excel 对象数据或 pdf 类型数据，需要如下示例代码：

```
<%response.setContentType("Application/pdf");
response.setHeader("content-disposition","attachment;filename=\"syntax.pdf\"");
%>
```

使用 response 对象的 sendRedirect 方法可以实现网页的重定向功能，对比一下 sendRedirect 方法和<jsp:forward>的区别。

```
request.sendRedirect("?http://www.foo.com/path/error.html"): //重定向功能
                                              （此时不能已经向客户输出信息）
response.sendRedirect("/WebMis/NetShop/bookManageLogin.jsp");
```

6.3.3 系统应用

在应用系统开发过程中，数据的导入导出是常见的功能，这样很好地实现了设计系统和其他应用的数据交流。下面就系统数据库数据导出 Excel 类型数据做一个示例。本例中不涉及数据库的相关操作，只是把页面中数组的相关数据写到 Excel 中，在掌握了数据库的相关知识后可以结合本例，把数据导出的功能更加完善。

【例 6.10】outexcel.jsp

```
<%@pageimport="jxl.*,jxl.write.*"contentType="application/vnd.ms-excel;charset=
gb2312"%>
<%
response.setHeader("Content-disposition","attachment;filename=test.xls");
String[] arr=new String(10){"hello","everyone","welcome","learn","jsp"};
WritableWorkbookwritbook=Workbook.createWorkbook(response.getOutputStream());
WritableSheet sheet=writbook.createSheet("sheet1",0);
for(int i=0;i<arr.length;i++)
{
  sheet.addCell(arr[i]);
}
writbook.write();
writbook.close();
 %>
<input type="button"value="下载 Excel 文档"
  name="download1"onclick="location.href=outexcel.jsp">
```

说明：上面例子中用到了 JAVA Excel API，Java Excel 是一开放源码项目，通过它，Java 开发人员可以读取 Excel 文件的内容，创建新的 Excel 文件，更新已经存在的 Excel 文件。使用该 API，除 Windows 操作系统外的其他操作系统也可以通过纯 Java 应用来处理 Excel 数据表。可以到 http://download.csdn.net/down/311430/wuchupan 进行下载。

6.4 session 对象

6.4.1 session 对象常用方法

session 对象表示目前个别用户的会话（session）状况，用此项机制可以轻易识别每一个用户，然后针对每一个用户的要求，给予正确的响应。例如，设计购物车网时最常使用 session，当用户把物品放入购物车时，其不需要重复做身份确认的动作（如登录），就能把物品放入自己的购物车。

服务器能利用 session 对象确认用户，把物品放在属于该用户的购物车中，而不会将物品放错到别人的购物车。除了购物车之外，session 对象也通常用来追踪用户。

session 对象实现了 javax.servlet.http.HttpSession 接口，下面列出一些常用的方法。

- long getCreationTime()：取得 session 产生的时间，单位是毫秒（ms），由 1970 年 1 月 1 日零时算起。
- String getId()：取得 session 的 ID。
- long getLastAccessedTime()：取得用户最后通过这个 session 送出请求的时间，单位是毫秒，由 1970 年 1 月 1 日零时算起。
- long getMaxInactiveInterval()：取得最大 session 不活动的时间，若超过这个时间，session 将会失效，时间单位为秒。
- void invalidate()：取消 session 对象，并将对象存放的内容完全抛弃。

- boolean isNew()：判断 session 是否为“新”。所谓“新”，表示 session 已由服务器产生，但是客户端尚未使用。
- void setMaxInactiveInterval(int interval)：设定最大 session 不活动的时间，若超过这个时间，session 将会失效，时间单位为秒。

session 对象也可以储存或取得用户相关的数据，如用户的名称、用户所订购的物品、用户的权限等。如例 6.11 中设定某些网页必须要求用户先做登录（Login）的动作，确定是合法的用户时，才允许读取网页内容，否则把网页重新转到登录的网页上。

6.4.2　session 对象应用实例

【例 6.11】 登录页面：Login2.jsp

```
<%@ page contentType="text/html;charset=GB2312"%>
<html>
<head>
<title> Login2.jsp</title>
</head>
<body>
<h2>javax.servlet.http.HttpSession-session 对象</h2>
<form action=Login2.jsp method="POST" >
名字：<input type="text" name="name"><br>
密码：<input type="text" name="pwd"><br>
<input type="submit" value="传送"><br>
</form>
<% if (request.getParameter("name") != null &&
request.getParameter("pwd")!=null) {
String Name=request.getParameter("name");
String Password=request.getParameter("pwd");
if (Name.equals("admin") && Password.equals("123")) {
   session.setAttribute("Login","OK");
   session.setAttribute("name",Name);
   response.sendRedirect("main.jsp");
}
else {
   out.println("登录错误，请输入正确名称");
}
}
%>
</body>
</html>
```

在 Login2.jsp 的程序中，要求用户分别输入名称和密码。如果输入的名称和密码分别为 admin 和 123 时，就把名称为 Login、其值为 OK 的属性，加入到 session 对象当中；同时把用户登录的名字放到 session 对象中，然后进入 main.jsp 网页，显示登录成功的用户的名字，显示效果如

图 6-9 所示。若输入错误时，就显示出“登录错误，请输入正确名称”，从而不允许直接登录到 main.jsp，显示效果如图 6-10 所示。

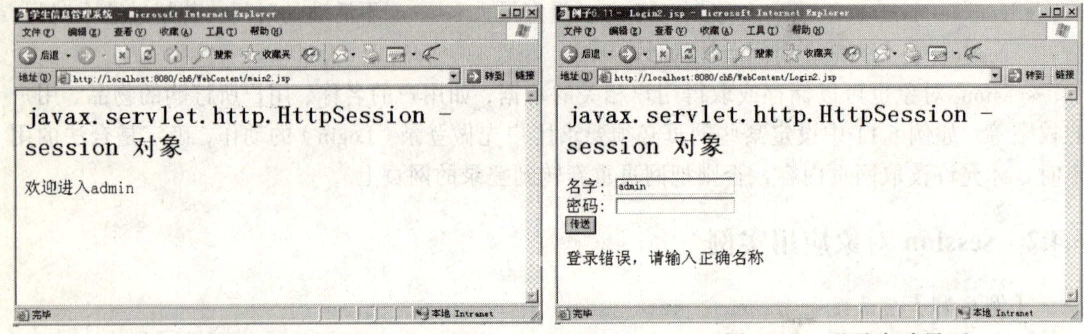

图 6-9　登录成功界面　　　　图 6-10　登录失败界面

这时大家一定会想，如果不通过 Login.jsp 网页，直接执行 main.jsp，能够进去么？没错，因此我们还要在 main.jsp 中加入一段程序代码，来确认用户是否先通过 Login.jsp 进行身份确认，然后再进入到 main.jsp 页面中。main.jsp 程序如下：

```
登录成功页面: main.jsp
<%@ page contentType="text/html;charset=GB2312"%>
<html>
<head>
<title>学生管理信息系统</title>
</head>
<body>
<h2>javax.servlet.http.HttpSession-session 对象</h2>
<%
String Login=(String)session.getAttribute("Login");
if (Login !=null && Login.equals("OK")) {
  String Name=(String)session.getAttribute("name");
  out.println("欢迎"+name+"进入");
  session.invalidate();
}
else {
out.println("请先登录，谢谢") ;
out.println("<br>经过五秒之后，网页会自动返回 Login2.jsp");
response.setHeader("Refresh","5;URL=Login2.jsp");
}
%>
</body>
</html>
```

在 main.jsp 中利用 session. getAttribute(“Login”)取出 Login 的内容，如果用户是通过 Login.jsp 网页进入 main 页面，并且顺利通过身份确认取得 Login=OK。那么在 main.jsp 再做确认时，则能够顺利通过；否则，如果直接登录 main.jsp，Login 的值会等于 NULL，则程序经过五秒后，会重新加载 Login.jsp，要求用户先登录，此时会出现如图 6-11 所示的页面。

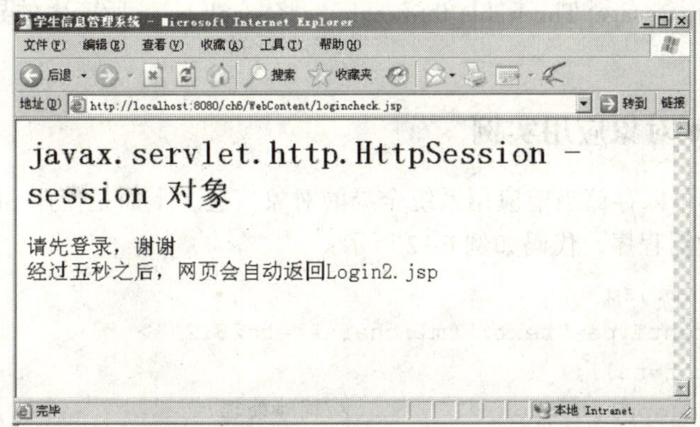

图 6-11　直接访问 main.jsp 页面，跳过登录页面的效果

注意：session 对象不像其他的隐含对象，可以在任何的 JSP 网页中使用。如果在 JSP 网页中，Page 指令的属性 session 设为 false 时，使用 session 对象就会产生编译错误(javax.servlet.ServletException: Compilation error occurred)，如下：

```
<%@ page session="false" %>
<%
  String Login = (String)session.getAttribute("Login");
  …
  …
%>
```

6.5　application　对　象

6.5.1　application 对象常用方法

application 对象实现 javax.servlet.ServletContext 接口，其主要功用在于取得或更改 Servlet 的设定。下面代码用来说明 JSP 网页被编译成 Servlet 时，application 对象是如何初始化的。

```
pageContext=JspxFactory.getPageContext(this,request,response,"errorpage.
jsp",true,8192,true);
application = pageContext.getServletContext();
```

可以看到产生的 Servlet 取得了目前的 ServletContext，并且将其储存在 application 对象当中。application 对象拥有 Application 的范围，意思是说它的生命周期是由服务器产生开始，到服务器关机为止。下面列出了其相关方法：

- int getMajorVersion()：取得 Container 主要的 Servlet API 版本，如 2。
- int getMinorVersion()：取得 Container 次要的 Servlet API 版本，如 4。
- String getServerInfo()：取得 Container 的名称和版本。
- String getMimeType(String file)：取得指定文件的 MIME 类型。
- ServletContext getContext(String uripath)：取得指定 Local URL 的 Application context。
- String getRealPath(String path)：取得本地端 path 的绝对路径。
- void log(String message)：将信息写入 log 文件中。

- void log(String message, Throwable throwable)：将 stack trace 所产生的异常信息写入 log 文件中。

6.5.2 application 对象应用实例

application 对象可以存储当前应用系统全局的对象信息，下面是使用 application 对象来设计的一个简单的计数器程序，代码如例 6.12 所示：

【例 6.12】count.jsp

```
<%@ page contentType="text/html;charset=gb2312"%>
<%Integer count=null;
 synchronized(application)          //同步处理
 {                                  //从内存当中读取访问量
   count=(Integer)application.getAttribute("basic.counter");
   if (count==null)                 //测试一个 application 属性是否已经存在。
   count=new Integer(0);
   count=new Integer(count.intValue()+1);
   application.setAttribute("basic.counter",count); //将访问量保存到内存当中}
%>
<html>
  <head>
   <title>简单计数器</title>
  </head>
<body>
  <center><font size=10 color=blue> 简 单 计 数 器 <br></font><font size=5
color=blue>您好! 您是本站的第<%=count%>位客人</font>
  </center>
</body>
</html>
```

执行结果如图 6-12 所示。

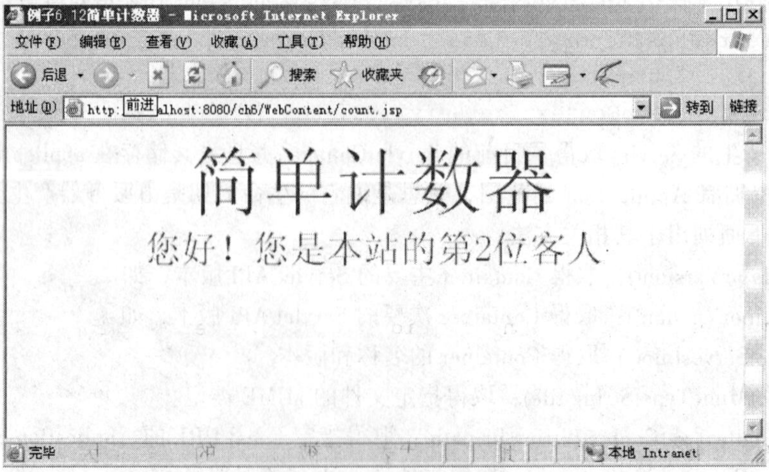

图 6-12　简单计数器程序运行效果

application对象常被使用在存取环境的信息，因为环境的信息通常都储存在ServletContext中，所以常利用application对象来存取ServletContext中的信息。

6.6　其 他 对 象

6.6.1　config 对象

config 对象里存放着一些 Servlet 初始的数据结构，和 page 对象一样 config 对象很少被用到。config 对象实现与 javax.servlet.ServletConfig 的接口，有如下四种方法：

```
public String getInitParameter(name)
public java.util.Enumeration getInitParameterNames( )
public ServletContext getServletContext( )
public Sring getServletName( )
```

上述两种方法可以使 config 对象取得 Servlet 初始参数值，如果此数值不存在，就传回 null。例如，在 web.xml 中设定如下：

```
<?xml version="1.0" encoding="ISO-8859-1"?>
<web-app xmlns="http://java.sun.com/xml/ns/j2ee"
xmlns:xsi="http://www.w3.org/2001/XMLSchema-instance"
xsi:schemaLocation="http://java.sun.com/xml/ns/j2ee/web-app_2_4.xsd"
version="2.4">
<servlet>
<servlet-name>ServletConfigurator</servlet-name>
<servlet-class>
org.logicalcobwebs.proxool.configuration.ServletConfigurator
</servlet-class>
<init-param>
<param-name>propertyFile</param-name>
<param-value>
WEB-INF/classes/Proxool.properties
</param-value>
</init-param>
<load-on-startup>1</load-on-startup>
</servlet>
</web-app>
```

这样可以直接使用 config.getInitParameter(“propertyFile”)来取得名称 propertyFile，其值为 WEB-INF/classes/Proxool.properties 的参数。如下：

```
String propertyFile=(String)config.getInitParameter("propertyFile");
```

6.6.2　page 对象

page 对象代表 JSP 本身，更准确地说，其代表 JSP 被转译后的 Servlet，因此它可以调用 Servlet 类所定义的方法。不过实际上，page 对象很少在 JSP 中被使用。

【例 6.13】PageInfo.jsp

```
<%@ page info="JSP程序设计" contentType="text/html;charset=GB2312"%>
<html>
<head>
<title> PageInfo.jsp</title>
</head>
<body>
<h2>page 隐含对象</h2>
Page Info=<%=((javax.servlet.jsp.HttpJspPage)page).getServletInfo()%>
</body>
</html>
```

这个例子中，我们先设定 page 指令的 info 属性为“JSP 程序设计”，page 对象的类型为 java.lang.Object。调用 javax.servlet.jsp. HttpJspPage 中的 getServletInfo()方法，将 Info 打印出来，执行结果如图 6-13 所示。

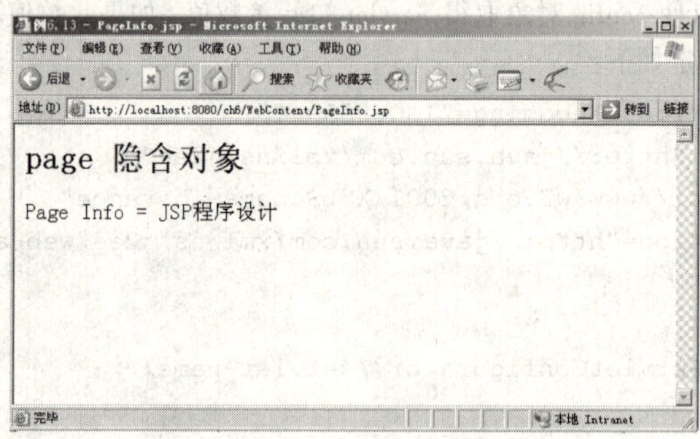

图 6-13 PathInfo.jsp 的执行结果

6.6.3 pageContext 对象

pageContext 对象能够存取其他隐含对象。当隐含对象本身也支持属性时，pageContext 对象也提供存取一些属性的方法。不过在使用如下方法时，需要指定范围的参数：

- Object getAttribute(String name, int scope)。
- Enumeration getAttributeNamesInScope(int scope)。
- void removeAttribute(String name, int scope)。
- void setAttribute(String name,Object value,int scope)。

范围参数有四个常数，分别代表四种范围：PAGE_SCOPE 代表 Page 范围，REQUEST_SCOPE 代表 Request 范围，SESSION_SCOPE 代表 Session 范围，最后 APPLICATION_SCOPE 代表 Application 范围。

PageContext 对象方法及方法说明如下：

- Exception getException()：回传目前网页的异常，不过此网页要为 error page。例如，exception 隐含对象。
- JspWriter getOut()：回传目前网页的输出流。例如，out 隐含对象。
- Object getPage()：回传目前网页的 Servlet 实体（instance）。例如，page 隐含对象。

- ServletRequest getRequest()：回传目前网页的请求，例如，request 隐含对象。
- ServletResponse getResponse()：回传目前网页的响应，例如，response 隐含对象。
- ServletConfig getServletConfig()：回传目前此网页的 ServletConfig 对象，例如，config 隐含对象。
- ServletContext getServletContext()：回传目前此网页的执行环境(context)，例如，application 隐含对象。
- HttpSession getSession()：回传和目前网页有联系的会话（ session ），例如，session 隐含对象。
- Object getAttribute(String name, int scope)：回传 name 属性，范围为 scope 的属性对象，回传类型为 java.lang.Object。
- Enumeration getAttributeNamesInScope(int scope)：回传所有属性范围为 scope 的属性名称，回传类型为 Enumeration。
- int getAttributesScope(String name)：回传属性名称为 name 的属性范围。
- void removeAttribute(String name)：移除属性名称为 name 的属性对象。
- void removeAttribute(String name, int scope)：移除属性名称为 name，范围为 scope 的属性对象。

接下来示范一个小程序，使读者能够更加明白。

【例 6.14】PageContext.jsp

```
<%@ page import="java.util.Enumeration"
contentType="text/html;charset=GB2312"%>
<html>
<head>
<title>例子 6.14  PageContext.jsp</title>
</head>
<body>
<h2>javax.servlet.jsp.PageContext-pageContext</h2>
<%
Enumeration enum2=pageContext.getAttributeNamesInScope(PageContext.APPLICATION_SCOPE);
while (enum2.hasMoreElements())
{
out.println("application attribute: "+enum2.nextElement()+"<br>");}
%>
</body>
</html>
```

PageContext.jsp 主要目的：在网页当中，取得所有属性范围为 Application 的属性名称，然后再依序显示这些属性。

首先要记得导入 java.util.Enumeration。pageContext.getAttributeNamesInScope()会回传所有指定范围的属性名称，因此产生 Enumeration 对象 enum2，利用 enum2 来收集所有属性范围为 Application 的数据，然后再一一地取出打印。这里最重要的是了解如何设定 scope 的参数，因此代码 PageContext.APPLICATION_SCOPE 是最主要的。有了这个范例程序后，就能够快速学会使用 pageContext 对象所提供的方法。

pageContext 对象除了提供上述的方法之外，另外还有两种方法：forward(Sting Path)和include(String Path)。这两种方法的功能和之前提到的<jsp:forward>与<jsp:include>相似，因此在此不再赘述。

6.6.4 exception 对象

exception 对象和 session 对象一样，并不是在每一个 JSP 网页中都能够使用。若要使用 exception 对象，必须在 page 指令中设定<%@ page isErrorPage="true" %>才能使用，不然在编译时会产生错误。

【例 6.15】Exception.jsp

```
<%@ page contentType="text/html;charset=GB2312" isErrorPage="true"%>
<html>
<head>
<title> Exception.jsp</title>
</head>
<body>
<h2> exception 对象</h2>
Exception: <%=exception%><br>
Message: <%=exception.getMessage()%><br>
Localized Message: <%=exception.getLocalizedMessage()%><br>
Stack Trace: <%exception.printStackTrace(new java.io.PrintWriter(out));
%><br>
</body>
</html>
```

一般 error page 的程序代码和 Exception.jsp 程序相似，它已经将所有要印出来的错误信息包括进来。在这段程序代码中使用了三个方法：getMessage()、getLocalizedMessage()、print StackTrace(new java.io.PrintWriter(out))。中 printStackTrace()的参数应为 PrintWriter 而不是 JspWriter。

6.7 Cookie 对 象

6.7.1 Cookie 的概念和功能

所谓的 Cookie 是一个小文本文件，它是以 key、value 的方式将会话访问的内容记录在这个文本文件内，通常存于浏览器的暂存区内。JSTL 并没有提供设定 Cookie 的动作，因为这个动作通常都是系统后台开发者必须去做的事情，而不是交给系统前台的开发者。假若在 Cookie 中设定一个名称为 userCountry 的值，那么可以使用${cookie.userCountry}来取得。Cookie 是在客户端保持状态的一种方法。

6.7.2　Cookie基本操作

下面列出一些Cookie常用的方法及方法说明：

- setMaxAge(long expiry)：设置Cookie的最大生存时间，以秒为单位。
- setPath(String uri)：指定客户机应该返回Cookie的路径。
- setValue(String newValue)：在创建Cookie之后将新值分配给Cookie。
- getMaxAge()：返回以秒为单位指定的Cookie最大生存时间。
- getName()：返回Cookie的名称。
- getPath()：返回浏览器将此Cookie返回到服务器上的路径。
- getValue()：返回Cookie的值。

6.7.3　Cookie的应用

系统运行过程中，往往需要保存一些信息，比如当前系统运行的时间。如果采用所有的信息都保存在服务器的解决方式，将给服务器带来巨大的负担。因此，在系统开发过程中，将部分信息保存到客户端也作为一种可选的解决方案。下面的例子就是将系统日期保存到客户端，本例需要客户端机器支持Cookie，结合这个例子介绍一下Cookie的用法。

【例6.16】统计网站的用户流量（CookieDate.jsp）

```
<%@ page contentType="text/html; charset=GB2312" import="java.util.Date"%>
<HTML>
  <HEAD>
    <TITLE>自Cookie存取日期/时间数据</TITLE>
  </HEAD>
<BODY>
  <CENTER>
    <FONT SIZE=5 COLOR=blue>自Cookie存取日期/时间数据</FONT>
  </CENTER>
<HR>
<P></P>
<%
    Date Now=new Date();                //取得目前的系统时间
    Cookie DateVal=new Cookie("DateVal", String.valueOf(Now.getTime()));
                                        //将储存至Cookie时间/日期值转换为毫秒数
    response.addCookie(DateVal);        //将Cookie变量加入Cookie中
    Cookie temp=null;
    DateVal=null;                       //重设Cookie变量
    Cookie[] cookies=request.getCookies();      //取得Cookie内容
    int cookielen=cookies.length;       //取得Cookie变量数组的长度
if(cookielen!=0)                        //判断是否成功取得Cookie内容
{
  for (int i=0; i<cookielen;i++)
  {
     temp=cookies[i];                   //取得Cookies数组中的Cookie变量
     if (temp.getName().equals("DateVal"))
       {                                //判断是否取得名为DateVal的Cookie内容
```

```
%>
            Cookie 中<Font color=blue>DateVal</Font>
            变量的值为<Font color=red>
            <%=new Date(Long.parseLong(temp.getValue()))%>
            </Font><BR>
<%
            }
        }
}
else                                          //若无法取得 Cookie 内容则执行下面的叙述
{
%>
  无法取得 Cookie<BR>
<%
}
%>
</BODY>
</HTML>
```

小　结

本章介绍了 JSP 常见的几个内置对象及其用法，较为详细地介绍了 reqest、response、session、application 对象的常见方法和应用。

习　题

一、选择题

1. 以下对象中的（　　）不是 JSP 的内置对象。

   A. request　　B. session　　C. application　　D. bean

2. 在 JSP 中，内置对象（　　）封装了用户提交的信息，使用该对象可以获取用户提交的信息。

   A. session　　B. request　　C. response　　D. out

3. request 对象可以使用（　　）方法获取表单中某输入框提交的信息。

   A. getParameter(String s)　　B. getValue(String s)

   C. getParameterNames(String s)　　D. getParameterValue(String s)

4. JSP 的内置对象中，（　　）对象可对客户的请求作出动态响应，向客户端发送数据。

   A. response　　B. request　　C. application　　D. out

5. 从（　　）开始，到（　　）结束，被称为一个会话。

   A. 访问者连接到服务器，访问者关闭浏览器离开该服务器

   B. 服务器启动，服务器关闭

   C. 访问者连接到服务器，服务器关闭

   D. 服务器启动，访问者关闭浏览器离开该服务器

6. application对象能在（　　）间共享。
   A. 某个访问者所访问的当前页面
   B. 某个访问者所访问的网站的各个页面之间
   C. 该服务器上所有的访问者的所有jsp页面
   D. 该服务器上所有的访问者的所有jsp页面和Java程序
7. 当（　　）时，JSP引擎产生一个session对象。
   A. web应用服务器启动时
   B. 当web应用服务器启动后，第一个客户来访时
   C. 当每个客户首次访问服务器上的一个JSP页面时
   D. 当每个客户首次访问服务器上的一个JSP或HTML页面时
8. 当（　　）时，JSP引擎产生一个application对象。
   A. web应用服务器启动时
   B. 当web应用服务器启动后，第一个客户来访时
   C. 当每个客户首次访问服务器上的一个JSP页面时
   D. 当每个客户首次访问服务器上的一个JSP或HTML页面时
9. request.getRemoteAddr()方法的作用：（　　）
   A. 获取客户提交的信息　　B. 获取客户的IP
   C. 获取客户机的名称　　D. 获取服务器的IP
10. 以下方法，（　　）可使session无效。
   A. session.removeAttribute(String key)　　B. session.invalidate()
   C. session.setAttribute(String key)　　D. session.getAttribute(String key)

二、问答题

1. JSP有哪些内置对象？分别有什么作用？
2. 简述<% response.sendRedirect("a.jsp");%>和<jsp:forward page="a.jsp">的相同点和不同点。
3. 如何设置Cookie在某一时间后过期？

第 7 章 JSP 与数据库应用

数据库操作是程序应用的最重要技术之一。如何获取数据、增加数据、查询数据、删除数据，以及对数据库进行管理，是每个程序开发者应该面对的问题。

本章主要介绍了 JDBC 及主要的类和接口。学习本章要求读者掌握基本的数据库知识（SQL 语句）。

7.1 JDBC 简 介

7.1.1 JDBC 简介

Java 数据库连接（Java database connectivity,）技术（JDBC），是为各种常用数据库提供无缝连接的技术。JDBC 技术是由 Sun 公司的 JavaSoft 公司制定的，它定义了 Java 语言同 SQL 数据之间的程序设计接口。JavaSoft 公司开发了 JDBC API，它是一个标准统一的 SQL 数据存取接口，由一些 Java 语言编写的类和界面组成。JDBC 为数据库应用开发人员、数据库前台工具开发人员提供了一种标准的应用程序设计接口，使开发人员可以用纯 Java 语言编写完整的数据库应用程序。

7.1.2 JDBC 驱动

目前，比较常见的 JDBC 驱动可分为如下 4 种类型。

（1）JDBC-ODBC Bridge：通过 ODBC 作为“桥”（bridge）对数据库访问，因此需要在客户端机器上安装一个 ODBC 驱动。使用 JDBC-ODBC 桥的驱动器，通常只运行在 Microsoft Windows 系统，因此 JDBC 平台无关性的优点就不再存在。

（2）JDBC Native Bridge：部分 Java 驱动，提供了一个建筑在本地数据库驱动上的 JDBC 接口。JDBC 驱动将标准的 JDBC 调用转变为对数据库 API 的本地调用，访问数据库时，利用数据库提供的函数库完成。使用该类型的驱动将会失去 JDBC 平台无关性的优势，并且需要安装客户端的本地代码。

（3）JDBC-Network Bridge：不需要客户端的数据库驱动，而是使用中间层服务器来访问数据库。该类型的驱动程序是网络协议完全 Java 技术性能的驱动程序，它为 Java 应用程序提供了一种进行 JDBC 调用的机制。

（4）Pure Java JDBC Drive：本地协议纯 Java 驱动程序。它是真正的 JDBC 驱动程序，运行在客户端，并且可以直接访问数据库，允许从客户机上直接调用 DBMS 服务器。

第 3 类和第 4 类驱动程序将成为 JDBC 访问数据库的首选方法。

7.2　JDBC 接　口

7.2.1　JDBC 接口

JDBC 接口包括 java.sql（JDBC2.0 核心 API）和 javax.sql（JDBC2.0、JDBC3.0 扩展的 API）。主要功能是连接数据库、发送查询更新语句、处理得到的结果等。下面是常用的类和接口。

1．DriverManager

DriverManager 类负责管理 JDBC 驱动程序，是 JDBC 的管理层，作用于用户和驱动程序之间。它跟踪可用的驱动程序，并在数据和相应驱动程序之间建立连接。使用 DriverManager 的方法 getConnection()可以生成 Connection 对象。

2．Connection

Connection 对象是通过 DriverManager. getConnection()方法取得的，代表与数据库的连接，通过 Connection 类的 createStatement()方法可以生成 Statement 对象。

3．Statement

Statement 对象用于将 SQL 语句发送到数据库中。实际上 Statement 对象有三种：Statement、PreparedStatement（从 Statement 继承而来）、CallableStatement（从 PreparedStatement 继承而来）。

Connection 类中的三个方法可用于创建以上三种 Statement 对象，下面将一一介绍：

（1）Statement：由方法 createStatement 创建，Statement 对象用于发送简单的不带参数的 SQL 语句。

（2）PreparedStatement：由方法 prepareStatement 创建，PreparedStatement 对象代表一个预编译的 SQL 语句，用于发送带有一个或多个输入参数（IN 参数）的 SQL 语句。

（3）CallableStatement：由方法 prepareCall 创建，CallableStatement 对象用于执行对数据库中存储过程的调用。

当打开一个数据库的连接后，Java 应用程序通常通过创建与执行一系列的 SQL 语句命令来实际使用该连接。

Statement 提供三种方法执行 SQL 语句：

（1）executeQuery()：执行简单查询并返回单个 ResultSet 对象。

```
public ResultSet executeQuery(String sql) throws SQLException
```

（2）executeUpdate()：执行 Insert、Update、Delete 语句。

```
public ResultSet executeUpdate (String sql) throws SQLException
```

（3）execute()：执行 SQL 语句，可返回多个结果。

4．ReSultSet

实现对数据的处理，维护记录指针，记录指针所指记录为当前记录。ReSultSet 对象用于包含符合 SQL 语句中条件的所有记录，并且通过一套 get 方法提供对这些记录中数据的访问。常用的 get 方法如下：

- int getInt(int columnIndex)：取得当前行中第 columnIndex 列的整数的值。
- int getInt(String columnName)：取得当前行中列名为 columnName 的整数的值。
- Date getDate(int columnIndex)：取得当前行中第 columnIndex 列的日期的值。
- Date getDate(String columnName)：取得当前行中列名为 columnName 的日期的值。
- String getString(int columnIndex)：取得当前行中第 columnIndex 列的字符串的值。
- String getString(String columnName)：取得当前行中列名为 columnName 的字符串的值。

其他类型的 get 方法可以参考 java 文档。

ReSultSet 维护指向当前数据行的光标。让光标向下移动一行的方法：

```
public boolean next() throws SQLExcepion
```

最后，应该关闭 ReSultSet 对象的方法：

```
public void close() throws SQLException
```

5. SQLException

表示数据库访问异常或其他异常。

7.2.2 JDBC 访问数据库

使用 JDBC 连接数据库和存取数据时，必须要执行如下五个步骤：

（1）用 DriverManager 加载及注册适当的 JDBC 驱动程序。

（2）用 JDBC URL 定义驱动程序与数据来源之间的连接，并且建立一个连接对象。

（3）建立一个 SQL Statement 对象，并且利用它来执行 SQL 语句。

（4）如果执行了一个查询，可以对返回的 ReSultSet 对象进行处理。

（5）关闭数据库连接。

以上是 JDBC 连接数据库时最基本、必要的步骤。不管使用哪种数据库，如 Oracle、DB2、MS SQL Server 等，都要经过这些步骤。

7.3 连接数据库实例

7.3.1 通过 JDBC-ODBC 访问数据库

本例将学习如何通过 JDBC-ODBC 访问数据库。主要分为两个步骤，一个是 ODBC 的配置，另一个是在 JSP 页面中通过 JDBC-ODBC 桥连接到数据库。

1. 创建示例数据库

本例中使用的是 SQL Server 数据库。在 SQL Server 中创建数据库 student，新建表 student，表结构如图 7-1 所示，并插入若干记录。

2. 配置 ODBC

在“管理工具”面板中双击“数据源(ODBC)”，在“ODBC 数据源管理器”对话框中单击“添加”按钮，将弹出如图 7-2 所示的对话框。

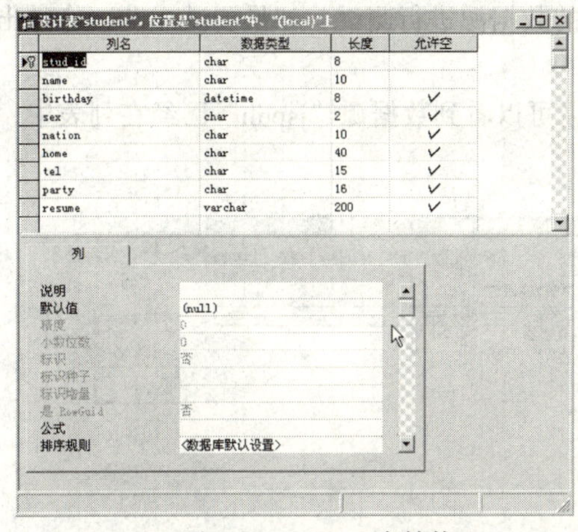

图 7-1　student 表结构

图 7-2　选择驱动程序

选择“SQL Server”驱动程序后，单击“完成”按钮，弹出如图 7-3 所示的对话框。

在“名称”文本框内输入所要创建的数据源名称，在“服务器”下拉列表框中选择所要连接的 SQL Server 服务器。本例中，将数据源名称设为“jspdb”，服务器选择“(local)”，表示本机服务器，单击“下一步”按钮，弹出如图 7-4 所示的对话框。

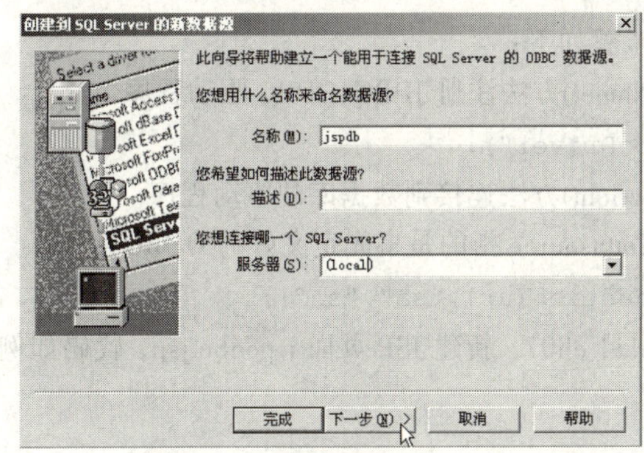

图 7-3　选择驱动程序

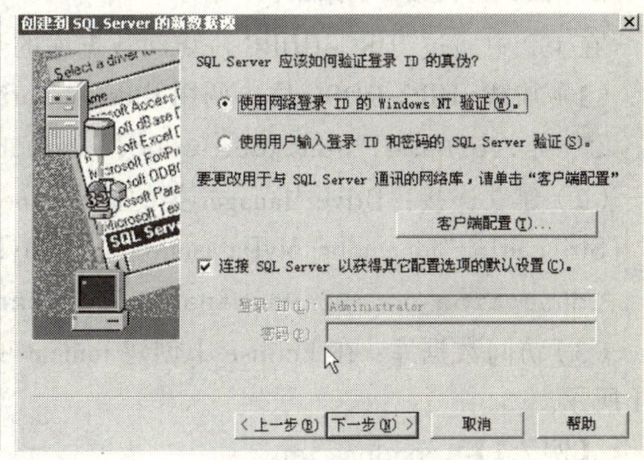

图 7-4　选择登录方式

这里使用默认设置，单击“下一步”按钮，弹出如图 7-5 所示的对话框。

选中“更改默认的数据库为”复选框，再在下面的下拉列表框中选择前面创建的“student”数据库，单击“下一步”按钮，在对话框中使用默认设置，然后单击“完成”按钮，完成 ODBC 的配置，此时将弹出如图 7-6 所示的对话框。

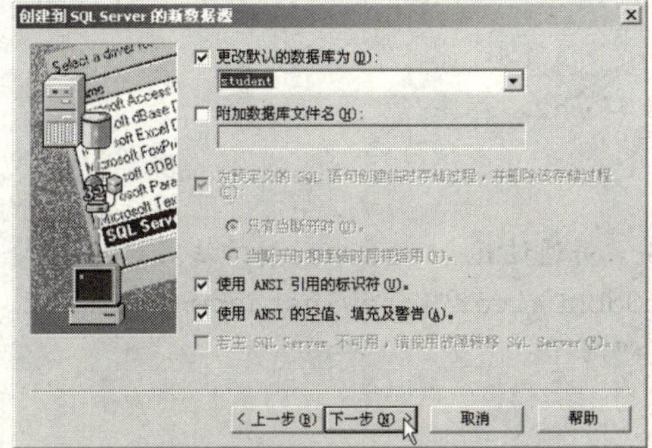

图 7-5　更改默认数据库

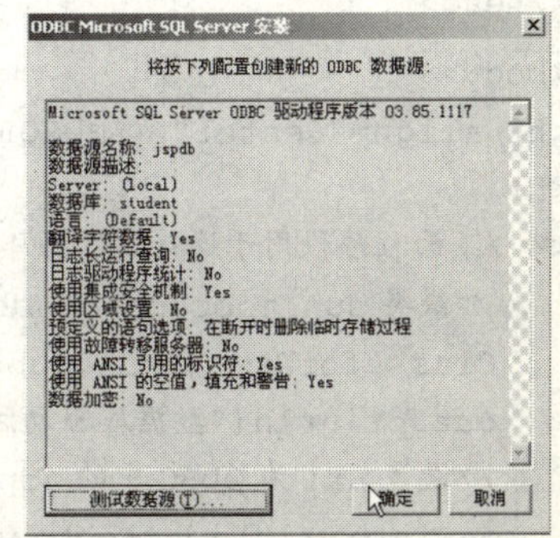

图 7-6　ODBC Microsoft SQL Server 安装

在对话框中单击“测试数据源”按钮，对配置的数据源进行测试，如果测试成功，将弹出如图 7-7 所示的对话框。

如果返回到“ODBC 数据源管理器”对话框时，可以看到数据源“jspdb”已经在列表中，如图 7-8 所示。

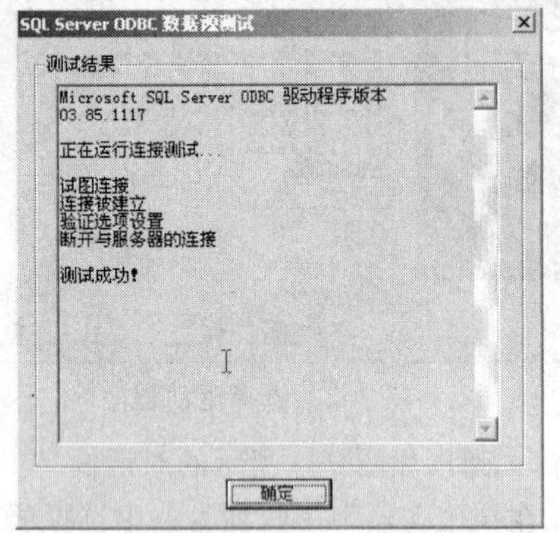

图 7-7 ODBC Microsoft SQL Server 安装

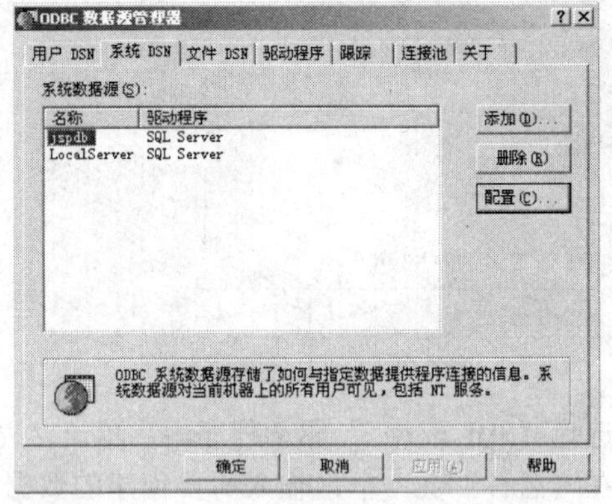

图 7-8 完成配置后的 ODBC 数据源管理器

3. 在 JSP 中访问数据库

在 JSP 中通过 JDBC-ODBC 桥访问数据库的步骤如下：

（1）加载 JDBC-ODBC 桥：调用 Class 类 forName()方法注册 JDBC-ODBC 驱动程序。

```
Class.forName("sun.jdbc.odbc.JdbcOdbcDriver");
```

（2）建立连接：DriverManager 类的 getConnection()方法连接到数据库的驱动程序。

String url=“jdbc:odbc: MyDatasource”；// MyDatasource 指的是事先定义好的 ODBC 接口。

```
Connection con=DriverManager.getConnection(url,"sa","sa");
```

（3）访问数据库：在 Eclipse 中创建 tomcat 项目 ch07，新建 JSP 页面 jspodbc.jsp，代码如例 7.1 所示。

【例 7.1】 jspodbc.jsp

```
<!--jspodbc.jsp-->
<%@ page contentType="text/html;charset=gb2312"import="java.sql.*"%>
<html>
<head>
<title>访问 SQL Server 数据库</title>
</head>
<body>
<h2 align="center">访问 SQL Server 数据库</h2>
<hr>
<%//下面程序段用于连接到数据库
  //加载类 sun.jdbc.odbc.JdbcOdbcDriver，并通过 newInstance()方法实例化
    Class.forName("sun.jdbc.odbc.JdbcOdbcDriver").newInstance();
    out.println("数据库驱动注册成功！<br>");
    //设置 url 为 ODBC 中的 jspdb
    String url="jdbc:odbc:jspdb";
    String user="sa";
```

```
    String password="sa";
    //建立与数据库的连接，将连接赋给 conn
    Connection conn= DriverManager.getConnection(url,user,password);
    out.println("数据库连接成功!<br><hr>");
    //通过 Connection 类的 createStatement()方法创建 Statement 实例，
    //并赋给 stmt，以方便操作数据库
    Statementstmt=conn.createStatement(ResultSet.TYPE_SCROLL_SENSITIVE,
    ResultSet.CONCUR_UPDATABLE);
    //创建 SQL 查询字符串，以选择数据表 student 中的记录
    String sql="select * from student";
    //通过 Statement 类的 executeQuery()方法创建 ResultSet 对象 rs，以方便对数据表的操作
    ResultSet rs=stmt.executeQuery(sql);
    //移动到数据表的第一条记录
    rs.first();
    //下面的语句将显示记录中各字段的内容
%>
    学生编号: <%=rs.getObject("stud_id")%><br>
    学生姓名: <%=rs.getObject("name")%><br>
    出生年月: <%=rs.getObject("birthday")%><br>
    家庭住址: <%=rs.getObject("home")%><br>
    电话: <%=rs.getObject("tel")%><br>
    学历: <%=rs.getObject("resume")%><br>
    <hr>
    数据库访问成功! <br>
<%
   rs.close();        //关闭 rs
   stmt.close();      //关闭 stmt
   conn.close();      //关闭 conn
%>
    数据库已关闭!
</body>
</html>
```

启动 tomcat，在浏览器地址栏里输入“http://127.0.0.1:8080/ch07/jspodbc.jsp”，显示结果如图 7-9 所示。

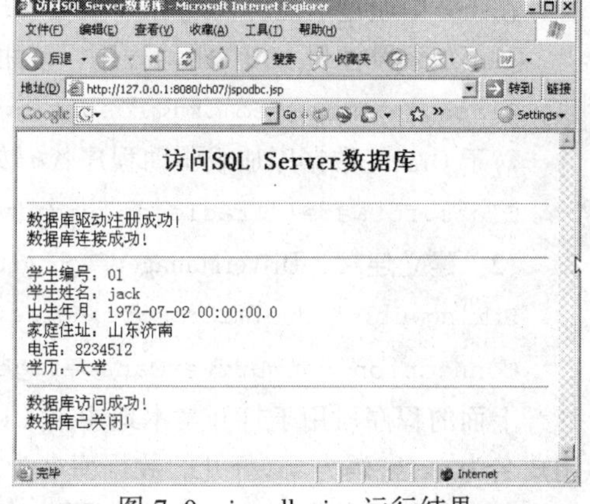

图 7-9　jspodbc.jsp 运行结果

7.3.2　通过本地协议纯 Java 驱动访问数据库

通过本地协议纯 Java 驱动访问数据库，需要在服务器安装数据库的驱动程序，对于不同的数据库，驱动程序是不一样的。本例中使用的是 Microsoft 的 SQL Server 2000 数据库，数据库驱动程序的安装过程详见第 2 章，这里不再赘述。

本例通过本地协议纯 Java 驱动访问数据库，主要分为两个步骤：一个是 Tomcat 项目的配置，另一个是在 JSP 页面中通过本地协议纯 Java 驱动连接到数据库。

1. Tomcat 项目配置

打开 Eclipse 中的项目 ch07，找到 WEB-INF\lib 文件夹，添加以下三个文件：mssqlserver.jar、msutil.jar、msbase.jar，位于 C:\Program Files\Microsoft SQL Server 2000 Driver for JDBC\lib 目录下，是 JSP 需要的 JDBC 驱动的核心文件。

右击项目 ch07，在弹出的快捷菜单中选择“Properties”命令，将弹出如图 7-10 所示的对话框，在“libraries”选项卡中单击 Add JARs 按钮，将 lib 文件夹中的 3 个 jar 包添加到项目中。

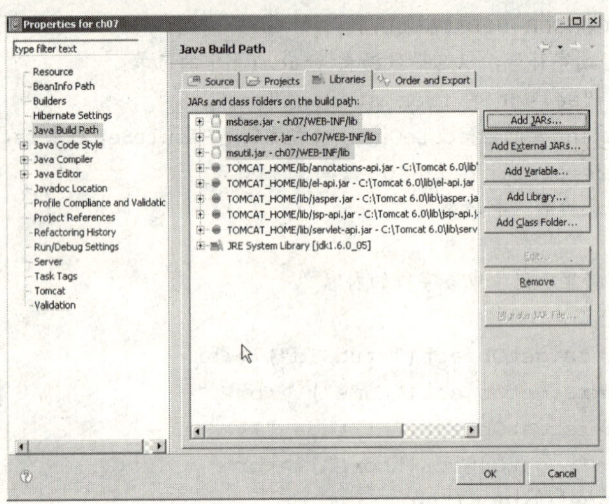

图 7-10　项目 ch07 的 Properties 对话框

2. 在 JSP 中访问数据库

在 JSP 中通过本地协议纯 Java 驱动程序访问数据库的步骤如下：

（1）加载及注册 JDBC 驱动程序：调用 Class 类 forName()方法注册 JDBC 驱动程序。

```
Class.forName("com.microsoft.jdbc.sqlserver.SQLServerDriver");
```

对于 Oracle 数据库加载驱动程序代码如下：

```
Class.forName("oracle.jdbc.driver.OracleDriver");
```

（2）建立连接：DriverManager 类的 getConnection()方法连接到数据库的驱动程序。

```
String url="jdbc:microsoft:sqlserver://localhost:1433;DatabaseName=student";
Connection con=DriverManager.getConnection(url,"sa","sa");
```

上面的程序段用于打开与本地主机（localhost）1433 端口所连接的 MS SQL Server 数据库，用户名为 sa，密码为 sa，打开的数据库名为 student，并将打开的数据库赋给 Connection 对象 con。

对于 Oracle 数据库，url 格式如下：

```
String url="jdbc:oracle:thin:@localhost:1521:orcl";    //orcl 为数据库的 SID
```

（3）访问数据库：新建 JSP 页面 jspSQLServer.jsp，代码如例 7.2 所示。

【例 7.2】 jspSQLServer.jsp

```
<!--jspSQLServer.jsp-->
<%@ page contentType="text/html;charset=gb2312"import="java.sql.*"%>
<html>
<head>
<title>通过本地协议纯 Java 驱动程序访问 SQL Server 2000 数据库</title>
```

```
</head>
<body>
<h2 align="center">通过本地协议纯 Java 驱动程序访问 SQL Server 2000 数据库</h2>
<hr>
<% //下面程序段用于连接到数据库
  //加载类 com.microsoft.jdbc.sqlserver.SQLServerDriver,并通过 newInstance ().
  //方法实例化
Class.forName("com.microsoft.jdbc.sqlserver.SQLServerDriver").newInstance();
  //设置 url 在本地主机 1433 端口上访问 sql server 数据库，数据库名为 jspdb
  String url="jdbc:microsoft:sqlserver://localhost:1433;DatabaseName=student";
  //设置用户名和密码
  String user="sa";
  String password="sa";
  //建立与数据库的连接，将连接赋给 conn
  Connection conn= DriverManager.getConnection(url,user,password);
  //通过 Connection 类的 createStatement()方法创建 Statement 实例，
  //并赋给 stmt，以方便操作数据库
  Statement stmt=conn.createStatement(ResultSet.TYPE_SCROLL_SENSITIVE,
                                    ResultSet.CONCUR_UPDATABLE);
  //创建 SQL 查询字符串，以选择数据表 student 中的记录
  String sql="select * from student";
  //通过 Statement 类的 executeQuery()方法创建 ResultSet 对象 rs，以方便对数据表的操作
  ResultSet rs=stmt.executeQuery(sql);
  //移动到数据表的第一条记录
  rs.first();
  //下面的语句将显示记录中各字段的内容
%>
  学生编号：<%=rs.getObject("stud_id")%><br>
  学生姓名：<%=rs.getObject("name")%><br>
  出生年月：<%=rs.getObject("birthday")%><br>
  家庭住址：<%=rs.getObject("home")%><br>
  电话：<%=rs.getObject("tel")%><br>
  学历：<%=rs.getObject("resume")%><br>
<%
 rs.close();        //关闭 rs
 stmt.close();      //关闭 stmt
 conn.close();      //关闭 conn
%>
</body>
</html>
```

启动 tomcat，在浏览器地址栏里输入“http://127.0.0.1:8080/ch07/jspSQLServer.jsp”，显示结果如图 7-11 所示。

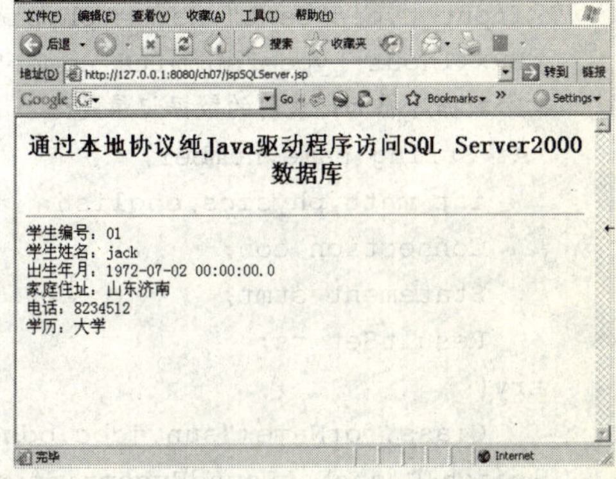

图 7-11　jspSQLServer.jsp 运行结果

7.4 案 例 拓 展

7.4.1 增加学生信息

本例实现将页面输入的学生成绩保存到score表中，采用本地协议纯Java驱动的方法访问数据库。具体实现步骤：首先在之前创建的SQL Server数据库student中，新建学生成绩表score，保存学生的各科成绩。再编写两个JSP页面：input.jsp，用于输入学生成绩；register.jsp用于检查输入信息和保存学生成绩。具体实现如下：

（1）新建score表，表结构如图7-12所示。

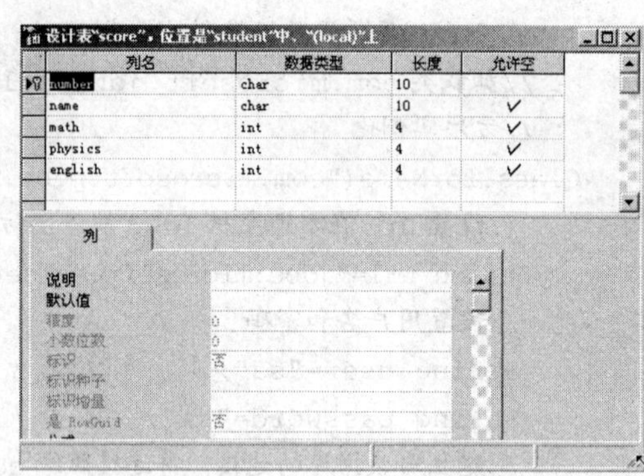

图 7-12 score 表结构

（2）编写JSP页面input.jsp，实现学生成绩的输入。

【例7.3】input.jsp

```
<%@ page contentType="text/html;charset= GB2312"%>
<%@ page import="java.sql.*"%>
<HTML>
<BODY bgcolor=pink >
<Font size=1>
<P>添加新的记录到数据库:
<form action="register.jsp" method=post>
同学学号:
<Input type="text" name="number">
<BR>同学姓名:
<Input type="text" name="name">
<BR>数学成绩:
<Input type="text" name="math">
<BR>英语成绩:
<Input type="text" name="english">
<BR>物理成绩:
<Input type="text" name="physics">
<BR><Input type="submit" name="b" value="提交添加">
<P>数据库添加记录前的数据记录是:
 <% String name,number;
    int math,physics,english;
    Connection con;
    Statement stmt;
    ResultSet rs;
try{
    Class.forName("sun.jdbc.odbc.JdbcOdbcDriver");
}catch(ClassNotFoundException e){}
```

```
try {
    con=DriverManager.getConnection("jdbc:odbc:jspdb","sa","sa");
    stmt =con.createStatement();
    rs= stmt.executeQuery("select*from score");
    out.print("<Table Border>");
    out.print("<TR>");
    out.print("<TH width=100>"+"学号");
    out.print("<TH width=100>"+"姓名");
    out.print("<TH width=50>"+"数学成绩");
    out.print("<TH width=50>"+"物理成绩");
    out.print("<TH width=50>"+"英语成绩");
    out.print("</TR>");
    while(rs.next()){
       out.print("<TR>");
       number=rs.getString(1);
       out.print("<TD>"+number+"</TD>");
       name=rs.getString(2);
       out.print("<TD>"+name+"</TD>");
       math=rs.getInt("math");
       out.print("<TD>"+math+"</TD>");
       physics=rs.getInt("physics");
       out.print("<TD>"+physics+"</TD>");
       english=rs.getInt("english");
       out.print("<TD>"+english+"</TD>");
       out.print("</TR>");
     }
     out.print("</Table>");
     rs.close();
     stmt.close();
     con.close();
    }catch(SQLException e1) {out.println(e1.getMessage());}
 %>
</Font>
</BODY>
</HTML>
```

（3）编写 JSP 页面 register.jsp，实现检查页面输入信息和保存学生成绩到 score 表中。

【例 7.4】 register.jsp

```
<%@ page contentType="text/html;charset=GB2312"%>
<%@ page import="java.sql.*"%>
<HTML>
<BODY bgcolor=pink><Font size=1>
  <% //获取提交的学号:
    String number=request.getParameter("number");
    if(number==null){
        number="";
```

```
 }
//获取提交的姓名:
String name=request.getParameter("name");
if(name==null){
     name="";
}
byte c[]=name.getBytes("ISO-8859-1");
name=new String(c);
 //获取提交的新的数学成绩:
String math=request.getParameter("math");
if(math==null){math="-100";}
//获取提交的新的英语成绩:
String english=request.getParameter("english");
if(english==null){english="-100";}
 //获取提交的新的物理成绩:
String physics=request.getParameter("physics");
if(physics==null){physics="-100";}
Connection con=null;
Statement stmt=null;
ResultSet rs=null;
try{
    Class.forName("sun.jdbc.odbc.JdbcOdbcDriver");}
catch(ClassNotFoundException event){}
try{
   con=DriverManager.getConnection("jdbc:odbc:jspdb","sa","sa");
   stmt=con.createStatement();
  String condition="insert into scorevalues"+"("+"'"+number+"','"+name+"',
  "+math+","+physics+","+english+")";
   stmt.executeUpdate(condition); //执行添加操作:
   //显示添加新记录后表中的记录:
 %>
 <P>添加新记录后的表:
 <%
   rs= stmt.executeQuery("select*from score order by number");
   out.print("<Table Border>");
   out.print("<TR>");
   out.print("<TH width=100>"+"同学学号");
   out.print("<TH width=100>"+"同学姓名");
   out.print("<TH width=50>"+"数学成绩");
   out.print("<TH width=50>"+"物理成绩");
   out.print("<TH width=50>"+"英语成绩");
   out.print("</TR>");
   while(rs.next()){
       out.print("<TR>");
       String n=rs.getString(1);
       out.print("<TD >"+n+"</TD>");
       String xingming=rs.getString(2);
       out.print("<TD >"+xingming+"</TD>");
       int  intMath=rs.getInt("math");
```

```
            out.print("<TD >"+intMath+"</TD>");
            int intPhysics=rs.getInt("physics");
            out.print("<TD >"+intPhysics+"</TD>");
            int intEnglish=rs.getInt("english");
            out.print("<TD >"+intEnglish+"</TD>");
            out.print("</TR>") ;
        }
        out.print("</Table>");
        rs.close();
        stmt.close();
        con.close();
      }
      catch(SQLException event){out.print(event.getMessage());}
  %>
</FONT>
</BODY>
</HTML>
```

说明：

当利用 request.getParameter 得到 Form 中元素的时候，默认的情况字符编码为 ISO-8859-1，这种编码不能正确显示汉字。目前的解决方法有两种：一种是在执行操作之前设置 request 的编码格式，语法为：

```
request.setCharacterEncoding("GBK");
```

另一种是转换字符编码，语法为：

```
<% String name=request.getParameter("name");
byte c[]=name.getBytes("ISO-8859-1");
name=new String(c);
%>
```

在本例中，从输入学生成绩页面获取姓名就用到了第二种方法。

启动 tomcat，在浏览器地址栏里输入“http://127.0.0.1:8080/ch07/input.jsp”，输入学生成绩页面如图 7-13 所示。

添加成功页面如图 7-14 所示。

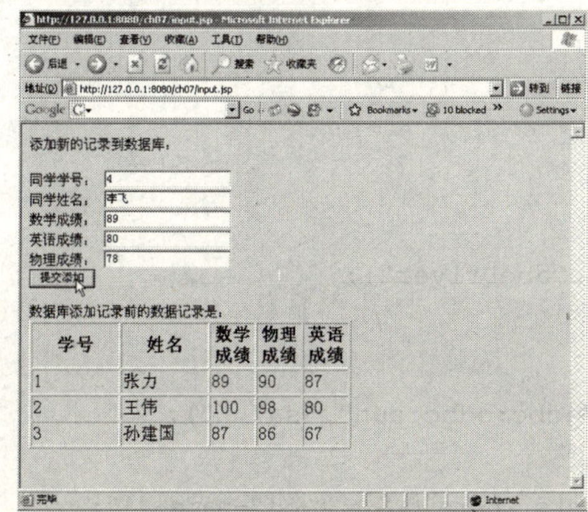

图 7-13 输入学生成绩页面

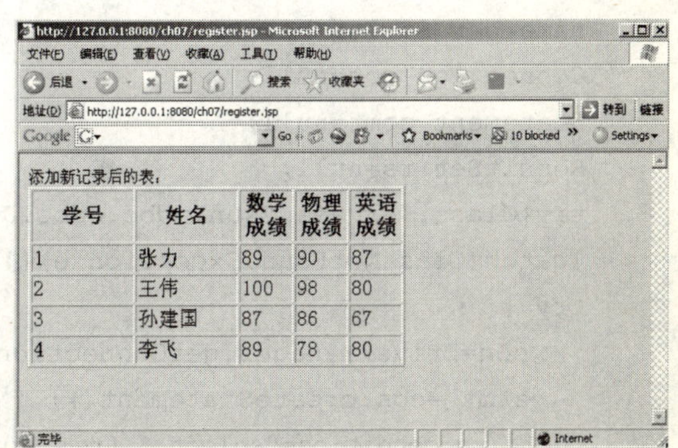

图 7-14 添加成功页面

7.4.2 查询学生成绩

本例实现根据输入的学生姓名，查询出该生的学习成绩并在页面中输出。具体实现步骤：编写第一个 JSP 页面 search.jsp 用于输入要查询的学生姓名，另一个 JSP 页面 searchName.jsp 则是根据给定的姓名从 score 表中查询学生成绩并显示在页面中。具体实现如下：

（1）编写 JSP 页面 search.jsp，实现输入学生姓名。

【例 7.5】search.jsp

```
<%@ page contentType="text/html;charset=GB2312"%>
<html>
<body>
<font size=1>
<form action="searchName.jsp" Method="post">
 <P>成绩查询
 <P>输入姓名：
  <Input type=text name="name">
  <Input type=submit name="g" value="提交">
</form>
</body>
</html>
```

（2）编写 JSP 页面 searchName.jsp，实现查询给定的学生成绩并显示。

【例 7.6】searchName.jsp

```
<%@ page contentType="text/html;charset=GB2312"%>
<%@ page import="java.sql.*"%>
<HTML>
<BODY>
  <% //获取提交的姓名：
    String name=request.getParameter("name");
    if(name==null){
       name="";
    }
    byte b[]=name.getBytes("ISO-8859-1");
    name=new String(b);
    Connection con=null;
    Statement stmt=null;
    ResultSet rs=null;
    try{Class.forName("sun.jdbc.odbc.JdbcOdbcDriver");
    }catch(ClassNotFoundException e){}
    try {
       con=DriverManager.getConnection("jdbc:odbc:sun","sa","");
       stmt =con.createStatement();
      String condition="select * from students where 姓名 = "+"'"+name+"'";
       rs= stmt.executeQuery(condition);
```

```
        out.print("<table Border>");
        out.print("<tr>");
        out.print("<th width=100>"+"学号");
        out.print("<th width=100>"+"姓名");
        out.print("<th width=50>"+"数学成绩");
        out.print("<th width=50>"+"英语成绩");
        out.print("<th width=50>"+"物理成绩");
        out.print("</tr>");
        while(rs.next()){
            out.print("<tr>");
            out.print("<td>"+rs.getString(1)+"</TD>");
            out.print("<td>"+rs.getString(2)+"</TD>");
            out.print("<td>"+rs.getInt("数学成绩")+"</TD>");
            out.print("<td>"+rs.getInt("英语成绩")+"</TD>");
            out.print("<td>"+rs.getInt("物理成绩")+"</TD>");
            out.print("</tr>") ;
          }
        out.print("</table>");
        rs.close();
        stmt.close();
        con.close();
        }catch(SQLException e){out.print(event.getMessage());}
%>
</BODY>
</HTML>
```

启动 tomcat，在浏览器地址栏里输入“http://127.0.0.1:8080/ch07/search.jsp”，查询页面如图 7-15 所示，查询结果页面如图 7-16 所示。

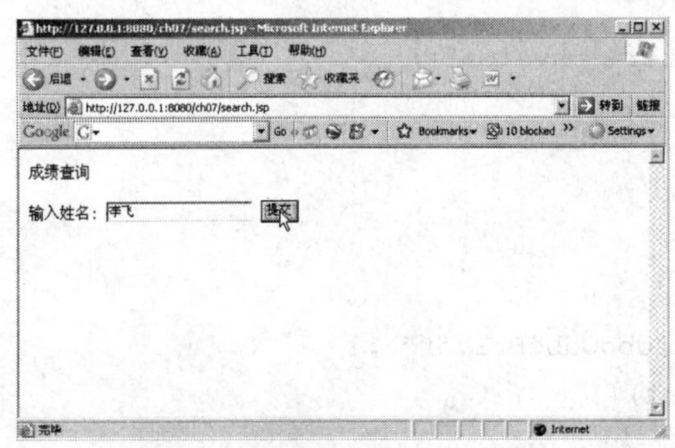

图 7-15　查询页面

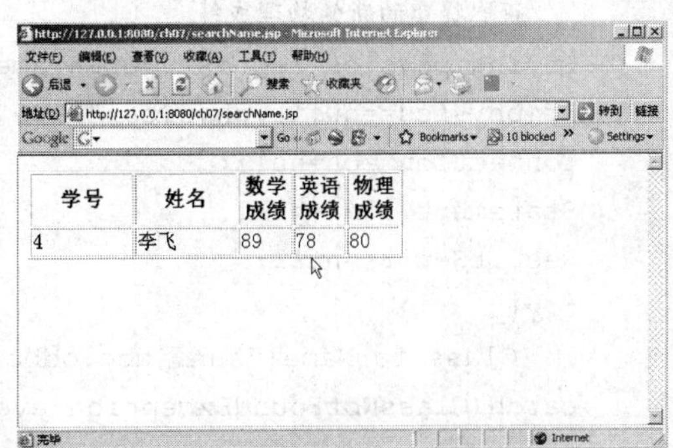

图 7-16　查询结果页面

7.4.3　对增加学生信息的改进

在 7.4.1 中，使用 Statement 类实现增加学生信息，通过前面的学习，我们知道还有一个 PrepareStatement 类，它和 Statement 类的不同之处在于 PrepareStatement 类对象会将传入的 SQL

命令事先编好等待使用，所以当程序中有单一的 SQL 语句会被执行多次时，用 PrepareStatement 类会比使用 Statement 类更有效率。

在 7.4.1 中，增加学生信息需要被多次执行，因此这里将使用 PrepareStatement 重新改写例 7.4 代码。改写后的代码如例 7.7 所示。

【例 7.7】register_1.jsp

```
<%@ page contentType="text/html;charset=GB2312"%>
<%@ page import="java.sql.*"%>
<HTML>
<BODY bgcolor=pink ><Font size=1>
 <% //获取提交的学号:
   String number=request.getParameter("number");
   if(number==null){
      number="";
   }
   //获取提交的姓名:
   String name=request.getParameter("name");
   if(name==null){
      name="";
   }
   byte c[]=name.getBytes("ISO-8859-1");
   name=new String(c);
    //获取提交的新的数学成绩:
   String math=request.getParameter("math");
   if(math==null){math="-100";}
   //获取提交的新的英语成绩:
   String english=request.getParameter("english");
   if(english==null){english="-100";}
    //获取提交的新的物理成绩:
   String physics=request.getParameter("physics");
   if(physics==null){physics="-100";}
   Connection con=null;
   Statement stmt=null;
   ResultSet rs=null;
   try{
      Class.forName("sun.jdbc.odbc.JdbcOdbcDriver");}
   catch(ClassNotFoundException event){}
   try{
     con=DriverManager.getConnection("jdbc:odbc:jspdb","sa","sa");
     stmt=con.createStatement();
     String condition="insert into score values(?,?,?,?,?)";
     PrepareStatement pstmt=con.prepareStatement(condition);
     pstmt.setString(1,number);
     pstmt.setString(2,name);
```

```
        pstmt.setString(3,math);
        pstmt.setString(4,physics);
        pstmt.setString(5,english);
        pstmt.executeUpdate(); //执行添加操作
        pstmt.close();
        //显示添加新记录后表中的记录
      %>
      <P>添加新记录后的表:
      <%
        rs=stmt.executeQuery("select * from score order by number");
        out.print("<Table Border>");
        out.print("<TR>");
        out.print("<TH width=100>"+"学号");
        out.print("<TH width=100>"+"姓名");
        out.print("<TH width=50>"+"数学成绩");
        out.print("<TH width=50>"+"物理成绩");
        out.print("<TH width=50>"+"英语成绩");
        out.print("</TR>");
        while(rs.next()){
            out.print("<TR>");
            String n=rs.getString(1);
            out.print("<TD>"+n+"</TD>");
            String xingming=rs.getString(2);
            out.print("<TD>"+xingming+"</TD>");
            int  intMath=rs.getInt("math");
            out.print("<TD>"+intMath+"</TD>");
            int intPhysics=rs.getInt("physics");
            out.print("<TD>"+intPhysics+"</TD>");
            int intEnglish=rs.getInt("english");
            out.print("<TD>"+intEnglish+"</TD>");
            out.print("</TR>");
        }
        out.print("</Table>");
        rs.close();
        stmt.close();
        con.close();
      }
      catch(SQLException event){out.print(event.getMessage());}
   %>
  </FONT>
  </BODY>
  </HTML>
```

另外，在第 4 章中，类 DataAccess.java 也用到了 PrepareStatement，主要用于完成添加学生信息，读者可以自行查阅。

小　结

本章主要介绍了 JDBC 及五个类/接口的使用。通过本章学习应能掌握通过 JDBC 访问数据库的一般步骤，以及利用五个类/接口实现基本的数据操作。

习　题

一、填空题

1. JDBC 驱动程序可分为四种类型，分别是__________、__________、__________、__________。
2. __________类型的驱动程序是最成熟的 JDBC 驱动程序，所有存取数据库的操作，都直接由驱动程序来完成。
3. __________负责管理 JDBC 驱动程序。
4. __________实现与数据源的连接。
5. __________接口用于发送简单的 SQL 语句，实现 SQL 语句的执行。
6. __________接口实现对数据的处理，维护记录指针。
7. JDBC 所有的类和接口都放在__________包中。
8. JDBC 对数据库的操作通过五个 JDBC 的类/接口来实现，分别为：__________、__________、__________、__________、__________。
9. __________方法用于加载注册驱动程序。
10. 加载 ODBC 驱动的语句为：__________。
11. 加载 SQL Server 2000 驱动的语句为：__________。
12. Statement 类的__________方法支持使用 select 语句对数据库进行查询。
13. Statement 类的__________方法支持使用 insert、delete、update 语句对数据库进行增加、删除、修改操作。
14. ResultSet 类的__________方法可以移动记录指针到下一条记录。

二、问答题

1. 简单叙述 JDBC 访问数据库的主要步骤。
2. 如何解决查询中的中文乱码问题?
3. 简单叙述 SQL Server 通过本地协议纯 Java 驱动访问 SQL Server 2000 数据库的实现过程。

三、编程题

1. 在 SQL Server 2000 中创建一个“图书管理”数据库，数据库内的“图书表”如表 7-1 所示，用于管理图书信息。创建完成后，使用 JDBC-ODBC 桥从 JSP 网页中访问该数据库，并输出图书信息。
2. 使用本地协议纯 Java 驱动访问第 1 题所创建的数据库。

表 7-1　图书表

编　　号	书　　名	作　　者	出 版 社	价　　格
1	JSP 实用案例教程	新东方	清华大学出版社	35
2	JSP 应用教程	石志国	清华大学出版社	34

3. 在图书表中添加更多字段，如书号、版次、是否带光盘等，创建 JSP 页面完成增加图书信息。
4. 创建一个 JSP 查询页面，可以根据书名、编号或作者等信息，查询出相关书籍。
5. 完善上面的程序，增加删除图书功能。

第 8 章　JSP 中使用 JavaBean

本章介绍了 JavaBean 的基本概念和编写方法，详细说明了如何在 JSP 中使用 JavaBean，并通过用户登录实例将 JSP、JavaBean 和数据库技术做了有效的结合。

8.1　JavaBean 基本概念

8.1.1　JavaBean 简介

JavaBean 是一个轻便的，使用 Java 语言编写的，与平台无关的组件模型。它的架构使得开发者能够使用 Java 语言编写可重用的组件。在 Sun 公司的 JavaBean 规范定义中，JavaBeans 的正式说法为："JavaBean 技术是基于 JavaBean 规范的，是 J2SE 的一个组件架构。在创建复杂的应用程序时，使用 JavaBean 可以很容易地开发和装配可重用的软件程序"。

对于程序员来说，最好的一点就是 JavaBean 可以实现代码的重复利用，对于程序的易维护性等也有重大的意义。

8.1.2　JavaBean 特征

由于 JavaBean 是使用 Java 语言编写的可重用的软件组件，所以可以和编写其他 Java 类一样来编写 JavaBean。JavaBean 具有如下特征：

（1）JavaBean 由属性、方法、事件（properties、methods、events）组成。

（2）如果类的属性名字是 xxx，那么为了更改或获取属性的值，在类中可以使用如下两个方法：

- getXxx()：用来获取属性 xxx 的值。
- setXxx()：用来更改属性 xxx 的值。

（3）属性表示 JavaBean 的外观和行为等能够在设计阶段进行改变的特征，最好把属性定义为 private，这样属性就不能被直接访问，而只能通过 getter、setter 方法访问。

（4）类中的方法必须是 public。

（5）JavaBean 使用事件与其他的 JavaBean 进行通信。

8.2　JavaBean　编　程

8.2.1　编写 JavaBean

通常情况下，JavaBean 需要和其他的 JavaBean（不管是第三方的还是你自己创建的）放在同一个包里，包能把相关的类组织在一起。一个简单的 JavaBean 如例 8.1 所示，主要实现圆面积的计算。

【例 8.1】SimpleBean.java

```
package Bean;
public class SimpleBean {
  private int radius;
  //Constructor
  public SimpleBean() {
        radius=1;
  }
  //getter method
  public int getRadius() {
        return radius;
  }
  //setter method
  public void setRadius(int newRadius) {
        radius=newRadius;
  }
  //calculate area
  public double calcArea() {
        return Math.PI*radius* radius;
  }
}
```

8.2.2　部署 JavaBean

下面用第 2 章学过的知识，在 eclipse 开发工具中部署 JavaBean。首先创建一个名为 ch08 的 tomcat 应用程序，在 WEB-INF\src 目录下新建例 8.1 中的类 SimpleBean.java。本实例的目录结构如图 8-1 所示，可以看到在 classes 目录下自动生成了编译好的 Simple Bean.class 文件。

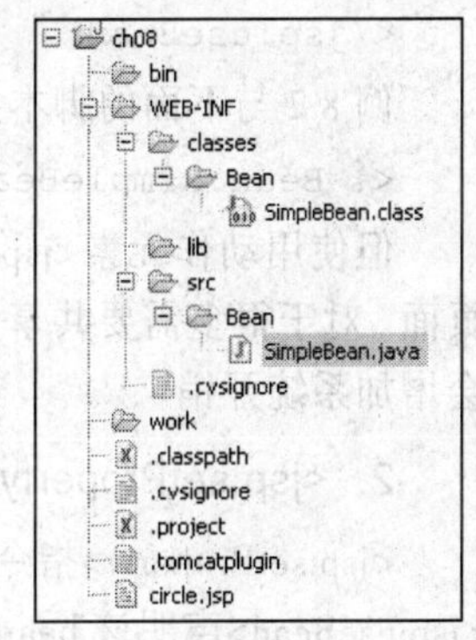

图 8-1　应用程序目录结构

8.3　在 JSP 中使用 JavaBean

8.3.1　JavaBean 页面指令

在 JSP 中提供了 3 个页面指令来与 JavaBean 交互，分别是<jsp:useBean>指令、<jsp:setProperty>指令和<jsp:getProperty>指令。

1. <jsp:useBean>指令

<jsp:useBean>指令指明在 JSP 页面中使用的 JavaBean 实例，并指定其名字和作用范围。具体的语法格式为：

```
<jsp:useBean id="beanInstanceName"
scope="page|request|session|application"  class="package.class"/>
```

其中，id 是引用 bean 的变量名，在 JSP 页面的表达式或脚本片段中可以使用这个变量名访问 bean。scope 指定 bean 的作用范围，可以取以下 4 个值：

- page：为 scope 的缺省值。JavaBean 只能在当前页面中使用，在 JSP 页面执行完毕后，该 JavaBean 将被进行垃圾回收。
- request：JavaBean 在相邻的两个页面中有效。
- session：JavaBean 在整个用户会话过程中有效。
- application：JavaBean 在当前整个 Web 应用的范围内有效。

执行<jsp:useBean>指令时具体的工作过程如下：

（1）首先 jsp:useBean 会根据给定的 id 和 scopc 查找 bean。

（2）定义名为 beanInstanceName 的变量。

（3）如果找到 bean，将 beanInstanceName 的引用指向该 bean；如果指定 type，把 type 传给该 bean。

（4）如果没找到 bean，则<jsp:useBean>将对指定的 class（类名字）进行实例化，将 bean InstanceName 的引用指向该 bean。

<jsp:useBean>的使用如例 8.2 所示。

【例 8.2】 <jsp:useBean>用法

```
<jsp:useBean id="circle" scope="page" class="Bean.SimpleBean">
</jsp:useBean>
```

例 8.2 与下面的脚本片断等价：

```
<% Bean.SimpleBean bean=new Bean.SimpleBean();%>
```

但使用动作元素<jsp:useBean>可以指定作用域，而脚本片断的作用域只限定在当前的 JSP 页面。对于很多需要共享 bean 的情况，如果使用脚本片断，每个页面都要实例化一个新的对象，会增加系统开销。

2. <jsp:setProperty>指令

<jsp:setProperty>指令使用 bean 的 setter 方法设置 bean 的属性值，在设置之前，需要先使用<jsp:useBean>声明该 bean。具体的语法格式为：

```
<jsp:setProperty name="beanInstanceName"
property="propertyName" value="{stringLiteral| <%=expression %>}"/>
```

其中，name 属性匹配<jsp:useBean>的 id 属性，property 属性是要改变的属性名，value 属性指定要改变的值，该值必须是字符串或字符串表达式，系统会进行自动转换。

另一种设置属性值的方法是直接在脚本片断中显示调用 bean 的方法，例如如下两种方法是等效的：

```
<jsp:setProperty name="circle" property="radius" value="2"/>
<%circle.setRadius(2)%>
```

第二种表达方式更灵活，适用范围更广。

3. <jsp:getProperty>指令

<jsp:getProperty>指令使用 bean 的 getter 方法获取 bean 的属性值，并将其转换为字符串。在使用该指令之前，需要先使用<jsp:useBean>声明该 bean。具体的语法格式为：

```
<jsp:getProperty name="beanInstanceName" property="propertyName"/>
```

另一种获取 bean 属性值的方法是直接在脚本中显示调用 bean 的方法，以下两种方法等效：

```
<jsp:getProperty name="circle" property="radius"/>
<%=circle.getRadius()%>
```

8.3.2　在 JSP 中使用 JavaBean

接下来编写 circle.jsp，实现对圆面积的输出。首先打开项目 ch08，注意 JSP 文件可以放在除 WEB-INF 目录之外的任何地方，为了与本章的其他实例区分开，新建 circle 文件夹，用于保存 circle.jsp。circle.jsp 的代码如例 8.3 所示。

【例 8.3】 circle.jsp

```
<%@ page language="java" contentType="text/html; charset=gb2312"%>
<!DOCTYPE html PUBLIC "-//W3C//DTD HTML 4.01 Transitional//EN" "http://
www.w3.org/TR/html4/ loose.dtd">
<html>
<head>
<meta http-equiv="Content-Type" content="text/html; charset=gb2312">
<title>JavaBean 应用实例</title>
</head>
<body>
<jsp:useBean id="circle" scope="page" class="Bean.SimpleBean">
</jsp:useBean>
<jsp:setProperty name="circle" property="radius" value="2"/>
<div align="center">
<p><b><font size="6">JavaBean 应用实例</font></b></p>
<p><font size="6">圆的半径为:<jsp:getProperty name="circle" property="radius"/>
</font> </p>
<p><font size="6">圆的面积为: <%=circle.calcArea()%></font></p>
</div>
</body>
</html>
```

说明：

在 circle.jsp 中通过<jsp:useBean id= “circle”　scope= “page”　class= “Bean.SimpleBean” >将类 SimpleBean 实例化，并赋给 circle 变量，通过<jsp:setProperty>指令设置圆半径为 2，通过<%=circle.calcArea()%>在页面输出圆的面积。

使用<jsp:useBean>指明所要调用的 JavaBean 之后，就可以在页面中调用 JavaBean 中的各方法，JavaBean 中方法的调用形式是“id.方法名”。因此可以使用下面语句计算并输出圆的面积：`<%=circle.calcArea()%>`。

启动 Tomcat，在浏览器的地址栏中输入“http://localhost:8080/ch08/circle/circle.jsp”。显示效果如图 8-2 所示。

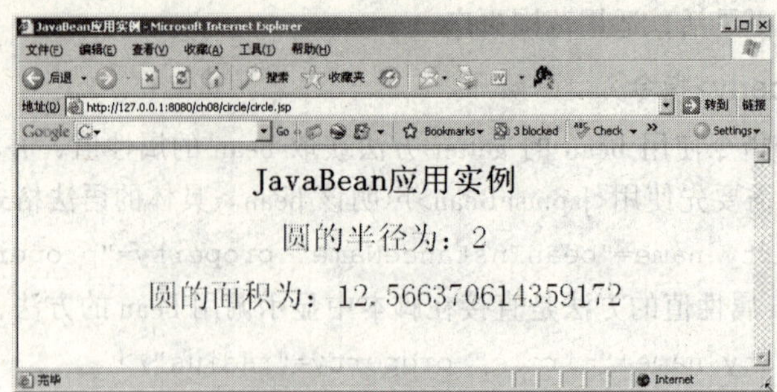

图 8-2 应用程序目录结构

8.4 案例拓展

8.4.1 用 JavaBean 实现用户登录

使用 JSP 进行 Web 开发时，对数据库的访问是必不可少的，可以从 JSP 程序中把对数据库访问的代码取出来，放在 JavaBean 中。在使用时进行调用，这样可以提高执行效率。

本例将通过用户登录页面实现 JSP 对 SQL Server 数据库的访问。

本例的实现步骤：首先创建 SQL Server 数据库 student，创建名为 loginUser 的表，用以保存登录用户的信息；再编写一个 JavaBean"dbConn.java"，用来访问 SQL Server 数据库；最后编写一个 JSP 页面"login.jsp"，实现用户登录。具体实现如下：

（1）loginUser 表的结构如图 8-3 所示。

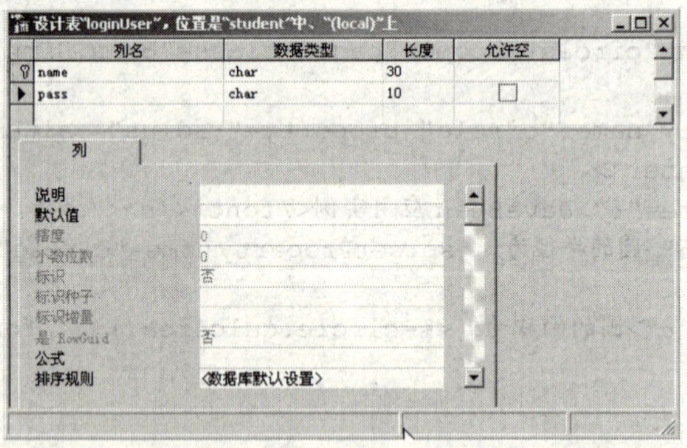

图 8-3 user 表结构

（2）编写 JavaBean"dbConn.java"，实现连接数据库，执行 select 查询。

【例 8.4】dbConn.java

```
package Bean;
import java.sql.Connection;
import java.sql.ResultSet;
import java.sql.Statement;
import java.sql.DriverManager;
import java.sql.SQLException;
public class dbConn {
```

```
    String sDBDriver="com.microsoft.jdbc.sqlserver.SQLServerDriver";
    String sConnStr="jdbc:microsoft:sqlserver://127.0.0.1:1433;DatabaseName=student";
    Connection conn=null;
    ResultSet rs=null;
    public dbConn(){
        try {
            Class.forName("com.microsoft.jdbc.sqlserver.SQLServerDriver");
        } catch (java.lang.ClassNotFoundException e) {
            System.out.println(e.getMessage());
        }
    }
    public ResultSet executeQuery(String sql){
        try{
            conn=DriverManager.getConnection(sConnStr,"sa","sa");
            Statement stmt=conn.createStatement();
            rs=stmt.executeQuery(sql);
        }catch(SQLException e){
            System.out.println(e.getMessage());
        }
        return rs;
    }
}
```

（3）编写 JSP 页面“login.jsp”，实现用户登录。

【例 8.5】 login.jsp

```
<%@ page language="java" contentType="text/html; charset=gb2312"%>
<%@ page import="Bean.dbConn,java.sql.*"%>
<jsp:useBean id="dbConnBean" scope="page" class="Bean.dbConn" >
</jsp:useBean>
<%!
String name="";
String pass="";
%>
<%
name=request.getParameter("name");
pass=request.getParameter("pass");
%>
<html>
<head>
<title>用户登录</title>
</head>
<body>
<p align="center">登录窗口</p>
<form name="form1" method="post" action="login.jsp">
```

```
<p align="center">姓名: <input type="text" name="name"> </p>
<p align="center">密码: <input type="password" name="pass"> </p>
<p align="center"><input type="submit" name="sub" value="登录"></p></form>
<%
String sName="";
String sPass="";
byte c[]=name.getBytes("ISO-8859-1");
name=new String(c);
if(name!=null && pass!=null &&!name.equals("")&&!pass.equals("")){
   String sql="select * from loginUser where name='"+name+"'"+" and
   pass='"+pass+"'";
   ResultSet rs=dbConnBean.executeQuery(sql);
   while(rs.next()){
      sName = rs.getString("name");
      sPass = rs.getString("pass");
%>
<p>您输入的姓名是: <%=sName%> </p>
<p>您输入的密码是: <%=sPass%> </p>
<%
   }
}
%>
</body>
</html>
```

（4）在浏览器地址栏中输入“http:// 127.0.0.1:8080/ch08/login.jsp”，显示效果如图 8-4 所示。

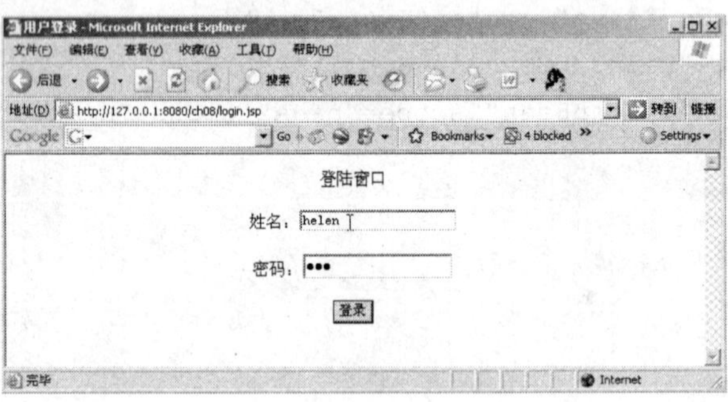

图 8-4　登录页面效果

8.4.2　对用户登录的改进

在上例中，把对数据库的访问放到了 JSP 页面中。获取登录信息使用的是如下代码：

```
name=request.getParameter("name");
pass=request.getParameter("pass");
```

如果登录信息很多，会导致 JSP 页面有过多的 Java 代码。可以设计一个专门记录登录用户信息的 JavaBean，利用 JavaBean 的<jsp:setProperty>指令将 JSP 页面的登录信息保存到该 JavaBean 中。

所做的改动为：增加一个 JavaBean “User.java”，修改部分 login.jsp 的代码。连接数据库的 JavaBean “dbConn.java” 保持不变。具体实现如下：

（1）编写 JavaBean “User.java”，实现记录登录用户信息。

【例 8.6】User.java

```
package Bean;
public class User {
    private String name;
    private String pass;
    public String getName(){
        return name;
    }
    public void setName(String name){
        this.name=name;
    }
    public String getPass(){
        return pass;
    }
    public void setPass(String pass){
        this.pass=pass;
    }
}
```

（2）改进 login.jsp，新的页面 login_user.jsp 代码如下：

【例 8.7】login_user.jsp

```
<%@ page language="java" contentType="text/html; charset=gb2312"%>
<%@ page import="Bean.dbConn,Bean.user,java.sql.*"%>
<jsp:useBean id="dbConnBean" scope="page" class="Bean.dbConn" >
</jsp:useBean>
<jsp:useBean id="userBean" scope="page" class="Bean.User" >
<jsp:setProperty name="userBean" property="*"/>
</jsp:useBean>
<html>
<head>
<title>用户登录</title>
</head>
<body>
<p align="center">登录窗口</p>
<form name="form1" method="post" action="login.jsp" >
<p align="center">姓名: <input type="text" name="name"> </p>
<p align="center">密码: <input type="password" name="pass"> </p>
<p align="center"><input type="submit" name="sub" value="登录"></p>
</form>
<%
String sName=userBean.getName();
String sPass=userBean.getPass();
```

```
    while(rs.next()){
        sName=rs.getString("name");
        sPass=rs.getString("pass");
%>
<p>您输入的姓名是: <%=sName%> </p>
<p>您输入的密码是: <%=sPass%> </p>
<%
    }
}
%>
</body>
</html>
```

说明：

```
<jsp:setProperty name="userBean" property="*"/>
```

property="*" 意思是将 JSP 页面提交的数据，一次性保存到 User 这个 JavaBean 中。需要注意的是，JSP 页面的输入姓名、密码的文本框的名字必须与 User 类中的属性名字一致。获取登录信息使用的是 JavaBean 的方法：

```
String sName=userBean.getName();
String sPass=userBean.getPass();
```

可以看出，改进后的页面同 login.jsp 相比，减少了许多 Java 代码，使得 JSP 页面更加清晰。

小　结

JSP 开发中，可以使用 JavaBean 封装业务逻辑，JSP 页面只负责页面的显示，这样做的好处是增加了代码的可重用性，可以减少在 JSP 中脚本代码的使用，易于被编程人员操作。通过本章的学习，应掌握 JavaBean 的特点及如何使用 JavaBean、JavaBean 属性的定义及调用方法。

习　题

一、填空题

1. 在 JSP 页面中使用 JavaBean 必须使用 JSP 动作标签__________。
2. 在 JSP 中，可以通过__________访问某个 Bean 的属性。
3. 当 useBean 标签中的 scope 属性取值 page 时，该 beans 的有效范围是__________。
4. 当 useBean 标签中的 scope 属性取值__________时，该 beans 的有效范围是访问者的会话期间。

二、问答题

1. JavaBean 具有哪些特点？
2. JavaBean 一般部署在 Web 应用的什么目录下？

3. 在 JSP 中使用 JavaBean 有哪些指令，各有什么作用？
4. 简述编译和使用 JavaBean 的主要步骤。
5. JavaBean 变量可以通过方法调用或 setProperty 和 getProperty 标签设置或读取，为什么还要其他方法？

三、编程题

使用 JSP 与 JavaBean 设计一个网站计数器，统计在线的用户数。显示如下：

你是本网站的第 *n* 个访问者。

第9章 Servlet编程技术

本章主要介绍Servlet编程技术，介绍Servlet的概念，Servlet与JSP的关系，Servlet的生命周期、运行环境及体系结构，着重介绍Servlet的配置与执行，以及如何使用Web程序与Servlet进行交互。

9.1 Servlet 概 述

9.1.1 什么是Servlet

Servlet是用Java编写的，与协议、平台无关的Server端组件。Servlet程序在Server端运行，采用请求—响应模式提供Web服务，它相对于在client端执行的Applet。Servlet API提供了强大的服务器编程技术，能够快速地构建网络应用。

与传统的CGI和许多其他类似CGI的技术相比，Java Servlet具有更高的效率，更容易使用，功能更强大，具有更好的可移植性，更节省投资。

1997 年 3 月，Sun Microsystems 公司的JavaSoft部门将Servlet API 定案，推出了Servlet API 1.0。从功能角度来说，Servlet 所提供的功能包含了当时的CGI （common gatewayinterface）与Netscape Server API（NSAPI）之类产品的功能。

发展至今，Servlet API的最新版本为2.4版，Servlet API已经被大部分的Java based 的Web Server支持，可以从Sun公司网站下载Servlet API，在浏览器里输入地址： https://cds.sun.com/is-bin/INTERSHOP.enfinity/WFS/CDS-CDS_JCP-Site/en_US/-/USD/ViewFilteredProducts-SimpleBundleDownload，如图9-1所示，下载的文件为servlet-2_4-fr -spec.pdf。

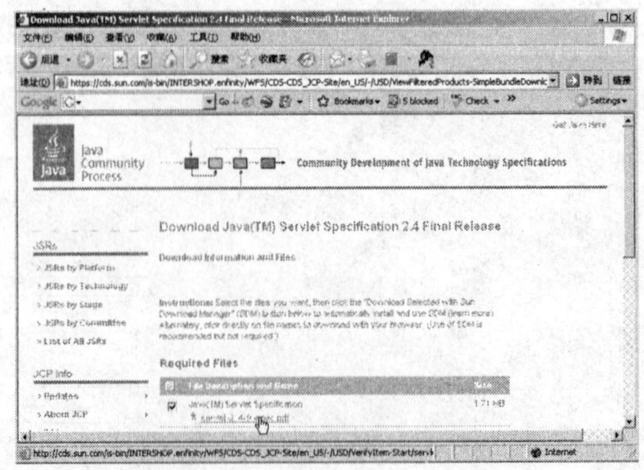

图9-1 下载Servlet API

Servlet API 一共包含两个包：javax.servlet 和 javax.servlet.http。

9.1.2　JSP 与 Servlet

JSP 并没有增加任何本质上不能用 Servlet 实现的功能，在 JSP 中编写静态 HTML 更加方便，不必再用 println 语句来输出每一行的 HTML 代码。更重要的是，借助内容和外观的分离，可以方便地分开页面制作中不同性质的任务。例如，由页面设计专家进行 HTML 设计，同时留出供 Servlet 程序员插入动态内容的空间。

9.2　一个简单的 Servlet 实例

9.2.1　Servlet 基本结构

下面的代码显示了一个简单 Servlet 的基本结构。该 Servlet 处理的是 HTTP 的 Get 请求，Get 请求可以是用户在浏览器地址栏输入 URL、单击 Web 页面中的链接、提交没有指定 Method 的表单时，浏览器所发出的请求。Servlet 也可以很方便地处理 POST 请求，POST 请求是提交一些指定了 METHOD="POST" 的表单时所发出的请求。

【例 9.1】SomeServlet.java

```
import java.io.*;
import javax.servlet.*;
import javax.servlet.http.*;
public class SomeServlet extends HttpServlet {
    //初始化全局变量
    public void init(ServletConfig config) throws ServletException {
        super.init(config);
    }
    public void doGet(HttpServletRequest request,HttpServletResponse response)
            throws ServletException, IOException {
        // 使用"request"读取和请求有关的信息（如 Cookies）和表单数据
        // 使用"response"指定 HTTP 应答状态代码和应答头(Content-Type)
        PrintWriter out=response.getWriter();
        // 使用"out"把应答内容发送到浏览器
    }
    //Get Servlet information
    public String getServletInfo() {
    }
}
```

说明：

（1）首先必须导入（import）javax.servlet.*、javax.servlet.http.*。

javax.servlet.*：存放与 HTTP 无关的一般 Servlet 类；

javax.servlet.http.*：除了继承 javax.servlet.*之外，增加了与 HTTP 有关的功能。

还应该导入 java.io 包，因为要用到 PrintWriter 等类。

（2）所有 Servlet 都必须实现 javax.servlet.Servlet 接口（Interface），但是通常会从 javax.servlet.GenericServlet 或 javax.servlet.http.HttpServlet 之中选择一个来实现。若写的 Servlet 程序和 HTTP 无关，那么必须继承 GenericServlet 类；若有关，就必须继承 HttpServlet 类。

（3）javax.servlet.*里的 ServletRequest 和 ServletResponse 接口提供存取一般的请求和响应；javax.servlet.http.*里的 HttpServletRequest 和 HttpServletResponse 接口，则提供 HTTP 请求及响应的存取服务。

（4）doGet()和 doPost()这两个方法是由 service 方法调用的，对应 form 表单的 method 属性，method 属性有 Get 和 Post 方法。

（5）Servlet 可以利用 HttpServletResponse 类的 setContentType( )方法来设定内容类型，显示为 HTML 网页类型。因此，内容类型设为“text/html”，这是 HTML 网页的标准 MIME 类型值。注意设置 Content-Type 应该在通过 PrintWriter 发送内容之前进行。

（6）当 Container 结束 Servlet 时，会自动调用 destroy( )，因此我们通常利用 destroy( )来关闭资源或是写入文件等。

9.2.2 输出 HTML 的 Servlet 实例

大多数 Servlet 都可以输出 HTML。输出 HTML 需要告诉浏览器接下来发送的是 HTML，然后使用 println 语句构造出合法的 HTML 页面。

下面是一个输出 HTML 的简单 Servlet 实例。

【例 9.2】HelloWorld.java

```
package servlet;
import javax.servlet.*;
import javax.servlet.http.*;
import java.io.*;
public class HelloServlet extends HttpServlet {
//Initialize global variables
    public void init(ServletConfig config) throws ServletException {
        super.init(config);
    }
//Process the HTTP Get request
    public void doGet(HttpServletRequest request,HttpServletResponse response)
        throws ServletException, IOException {
        response.setContentType("text/html;charset=GB2312");
        PrintWriter out=response.getWriter();
        out.println("<html>");
        out.println("<head><title>CH09-HelloServlet</title></head>");
        out.println("<body>");
        out.println(" Hello World <br>");
        out.println("大家好");
        out.println("</body>");
        out.println("</html>");
        out.close();
}
//Get Servlet information
    public String getServletInfo() {
```

```
        return "ch09.servlet.HelloSerlvet Information";
    }
}
```

说明：

（1）HelloServlet 类继承 javax.servlet.http.HttpServlet 类。

（2）HelloServlet 类重写 javax.servlet.http.HttpServlet 的相应方法。常用处理 HTTP 请求的方法有如下两种：

- doGet()方法：响应客户端的 Get 请求。
- doPost()方法：响应客户端的 Post 请求。

我们发现在 HelloServlet 的例子中有很多的 out.println()代码，这会给程序员带来很多不便，在后面将会介绍如何使用 JSP 来解决这个问题。

9.2.3　Servlet 的编译和配置

要编译 Servlet 类 HelloServlet.java，需要将 servlet-api.jar 加入至 CLASSPATH 之中，其中 servlet-api.jar 可以在{Tomcat_Install}\common\lib 找到。如本书可以这样设置：

```
DOS＞set CLASSPATH=C:\Tomcat 6.0\lib\servlet-api.jar;%CLASSPATH%
```

输入完毕后可以用 DOS＞set CLASSPATH 检查设置是否生效，然后直接使用 javac 或 eclipse 编译 HelloServlet.java。

JSP 应用通过一个基于 XML 的发布描述符文件来配置其发布信息，这个文件名为 web.xml，它存放于 WEB-INF 子目录下。在 web.xml 文件中可包含配置信息：Servlet 的定义、Servlet 的初始化参数、Servlet 以及 JSP 的映射、安全域配置参数、welcome 文件清单、资源引用、环境变量的定义等。web.xml 的内容如例 9.3 所示。

【例 9.3】web.xml 的完整代码

```
<?xml version="1.0" encoding="UTF-8"?>
<web-app version="2.4"
    xmlns="http://java.sun.com/xml/ns/j2ee"
    xmlns:xsi="http://www.w3.org/2001/XMLSchema-instance"
    xsi:schemaLocation="http://java.sun.com/xml/ns/j2ee
    http://java.sun.com/xml/ns/j2ee/web-app_2_4.xsd">
<servlet>
    <servlet-name>HelloServlet</servlet-name>
    <servlet-class>servlet.HelloServlet</servlet-class>
</servlet>
<servlet-mapping>
    <servlet-name>HelloServlet</servlet-name>
    <url-pattern>/HelloServlet</url-pattern>
</servlet-mapping>
</web-app>
```

说明：

（1）<servlet> …</servlet>标记之间的内容是给具体的 servlet 类起一个名称，注意当站点会用到多个 Servlet 文件时，不能有相同的名称。

（2）<servlet-mapping>…</servlet-mapping>标记之间的内容是确定某个类的访问名称，其中<servlet-name>必须是所要访问的类的名称，应与<servlet-name>标记之间的名字一致。<servlet-mapping>… </servlet-mapping>标记与<servlet> …</servlet>标记成组使用。

本例的项目结构如图 9-2 所示。

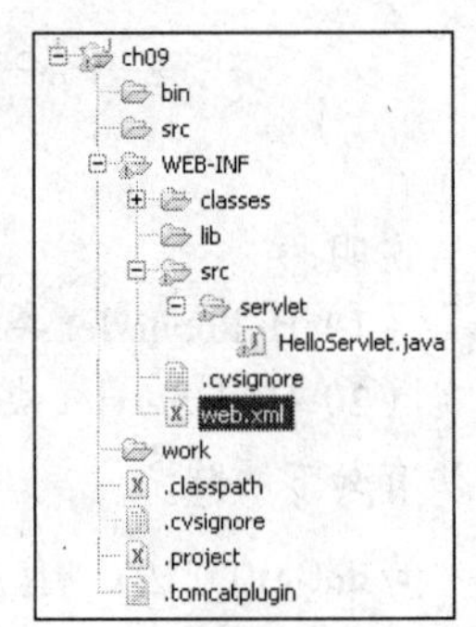

图 9-2 应用程序目录结构

9.2.4 运行 Servlet

启动 Tomcat，在浏览器地址栏中输入“http://127.0.0.1:8080/ch09/HelloServlet”，执行结果如图 9-3 所示。

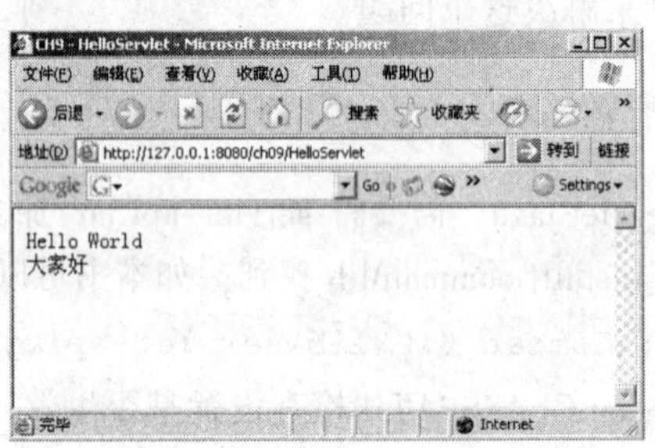

图 9-3 HelloWorld.java 运行界面

9.3 Servlet 的生命周期

Servlet是在服务器端运行的，其运行机制与Applet类似，但Applet是在客户端运行的。Servlet 接受来自网络的请求（form 表单，以及其他方面请求），并对不同请求作出不同的响应。Servlet 的生命周期主要由如下方法组成。

（1）init()方法：服务器初始化 Servlet。

（2）service()方法：初始化完毕，Servlet 对象调用该方法响应客户的请求。

（3）destroy()方法：调用该方法销毁 Servlet 对象。

Servlet 对象只有在第一次请求时才会创建，init()方法用于初始化 Servlet 的信息，该方法只会在创建后被调用一次。当有客户再请求 Servlet 时，Web 服务器将启动一个新的线程，在该线程中，调用 service 方法响应客户请求。如果长时间没有被调用或者是服务器关闭，会调用 destroy()方法来销毁 Servlet 对象。Servlet 生命周期状态图如图 9-4 所示。

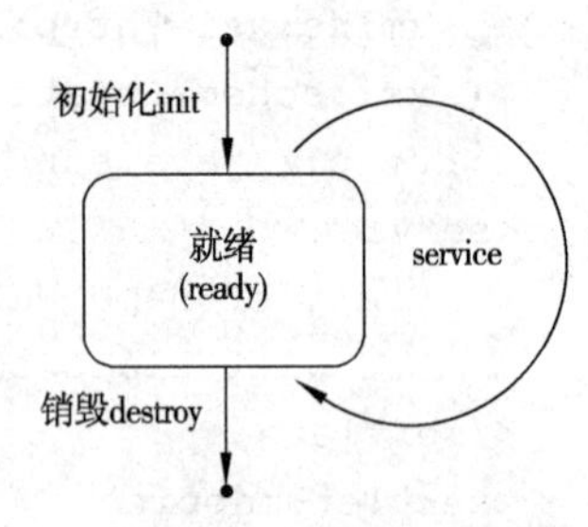

图 9-4 Servlet 生命周期状态图

9.3.1 init()方法

当服务器装载 Servlet 时，调用 Servlet 的 init()方法，init()方法只执行一次，而不是每个用户请求都会调用该方法。我们可以在 init()方法中做一些花费时间的工作，如访问数据库等。init()方法结束后，Servlet 即可处理客户端请求。

9.3.2　service()方法

当接收到对 Servlet 的请求时，服务器就会产生一个新线程，并调用 service()方法。这些来自客户端的请求可以是同时发生的，由 Servlet 进行协调。Service()方法检查 HTTP 请求类型，并相应地调用 doGet()、doPost()方法。每一个请求由 ServletRequest 对象来接收，由 ServletResponse 对象来响应该请求。

9.3.3　destroy()方法

调用 destroy( )来销毁 Servlet，回收在 init()方法中使用的资源。

9.4　JSP 和 Servlet 的交互

和 JSP 一样，Servlet 也能和客户端进行交互。下面通过一些实例，说明 Servlet 如何处理客户端的相应请求以及发送数据给客户端。

9.4.1　通过表单向 Servlet 提交数据

表单数据的提交有 Get 和 Post 两种方法，与之对应，Servlet 也提供了 doGet 方法和 doPost 方法来处理表单信息。

1. doGet 方法实例

doGet 方法用于获取服务器信息，并将其作为响应返回给客户端。doGet 调用在 url 里显示正在传送给 Servlet 的数据。如用户登录时，表单里的用户名和密码需要发送到服务器端，如果使用 doGet 调用，就会在浏览器的 URL 里显示用户名和密码。

（1）实例功能描述：本例通过一个简单的用户登录来说明 doGet 方法的使用。进入登录页面，输入用户名、密码，然后显示刚输入的信息。本例中省略了对用户名、密码进行数据库验证的过程，可自行添加。

（2）实例实现：首先编写一个 JSP 页面 formGet.jsp，供用户输入用户名、密码；再编写一个 Java 类 doGetServlet.java，用来对 formGet. jsp 页面提交的信息进行处理；最后编写配置文件 web. xml。具体实现如下：

① 编写 formGet. jsp 页面，在 JSP 页面中的表单必须指定调用的类型为“get”。

【例 9.4】 formGet.jsp

```
<%@ page language="java" contentType="text/html; charset=gb2312"%>
<!DOCTYPE html PUBLIC "-//W3C//DTD HTML 4.01 Transitional//EN"
"http://www.w3.org/TR/html4/loose.dtd">
<html>
    <head>
        <meta http-equiv="Content-Type" content="text/html; charset=gb2312">
        <title>一个简单的 JSP 例子_doGet</title>
    </head>
    <body>
        <h1 align="center">一个简单的 JSP 例子</h1>
        <div align="center">
```

```
        <form name="form1" action="doGetServlet" method="get" target="_self">
        姓名: <input type="text" name="name">
        密码: <input type="password" name="pass">
        <input type="submit" name="sub" value="发送">
        </form>
        </div>
    </body>
</html>
```

② 编写 doGetServlet 类，对 formGet.jsp 页面提交的信息进行处理。

【例 9.5】doGetServlet.java

```
package servlet;
import java.io.*;
import javax.servlet.*;
import javax.servlet.http.*;
public class doGetServlet extends HttpServlet {
    public void doGet(HttpServletRequest request,HttpServletResponse
    response)throws ServletException,IOException{
        request.setCharacterEncoding("gb2312");
        //设置输出编码格式
        response.setContentType("text/html;charset=gb2312");
        //获取信息内容
        String name=request.getParameter("name");
        String pass=request.getParameter("pass");
        PrintWriter out=response.getWriter();
        out.println("<html>");
        out.println("您输入的姓名是: "+name);
        out.println("您输入的密码是: "+pass);
    }
}
```

最后编写 web.xml 文件，在 web.xml 的</web-app>标记以上添加下面以下内容。

```
web.xml(部分内容)
<servlet>s
    <servlet-name>doGetServlet</servlet-name>
    <servlet-class>servlet.doGetServlet</servlet-class>
</servlet>
<servlet-mapping>
    <servlet-name>doGetServlet</servlet-name>
    <url-pattern>/doGetServlet</url-pattern>
</servlet-mapping>
```

启动 Tomcat，在浏览器输入“http://127.0.0.1:8080/ch09/formGet.jsp”，执行结果如图 9-5 所示。

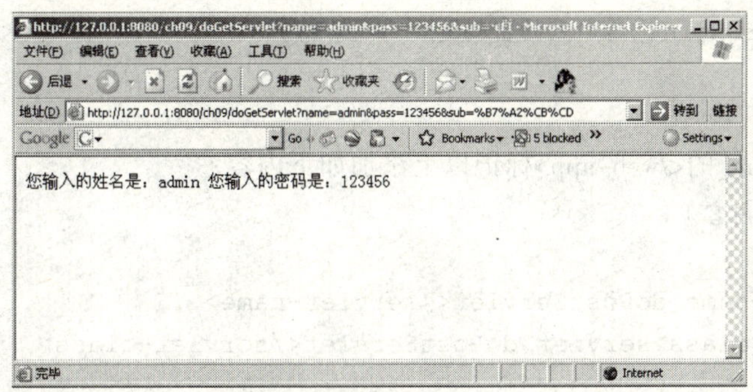

图 9-5　测试 doGet 方法

注意，在本例中，表单提交的信息显示在浏览器地址栏中，这是以 Get 方式提交表单的必然结果，这样也会存在安全方面的问题。为避免发生这种情况，一般用 doPost 方法获取提交的表单信息。

2. doPost 方法实例

doPost 方法用于客户端把数据传送到服务器端，优点是隐藏发送给服务器端的任何数据，适合发送大量数据。下面介绍的实例功能与上例相同，共包含三个文件：formPost.jsp、doPostServlet.java 和 web.xml。具体实现如下：

（1）编写 JSP 页面 formPost.jsp，在 JSP 页面中的表单必须指定调用的类型为“post”。

【例 9.6】 formPost.jsp

```
<form name="form1" action="doPostServlet" method="post" target="_self">
    姓名：<input type="text" name="name">
    密码：<input type="password" name="pass">
    <input type="submit" name="sub" value="发送">
</form>
```

（2）编写 Java 类 doPostServlet，接收 formPost.jsp 页面提交的信息。

【例 9.7】 doPostServlet.java

```
package servlet;
import java.io.*;
import javax.servlet.*;
import javax.servlet.http.*;
public class doPostServlet extends HttpServlet {
    public void doPost(HttpServletRequest request,HttpServletResponse
    response)throws ServletException,IOException{
        //设置输出编码格式
        response.setContentType("text/html;charset=gb2312");
        //获取信息内容
        String name=request.getParameter("name");
        String pass=request.getParameter("pass");
        PrintWriter out=response.getWriter();
        out.println("<html>");
        out.println("您输入的姓名是："+name);
```

```
        out.println("您输入的密码是: "+pass);
    }
}
```

最后，在 web.xml 的</web-app>标记以上添加如下内容：

```
web.xml（部分内容）
<servlet>
    <servlet-name>doPostServlet</servlet-name>
    <servlet-class>servlet.doPostServlet</servlet-class>
</servlet>
<servlet-mapping>
    <servlet-name>doPostServlet</servlet-name>
    <url-pattern>/doPostServlet</url-pattern>
</servlet-mapping>
```

启动 Tomcat，在浏览器里输入“http://127.0.0.1:8080/ch09/formPost.jsp”，执行结果如图 9-6 所示。注意，本例中表单提交的信息没有显示在浏览器地址栏中。

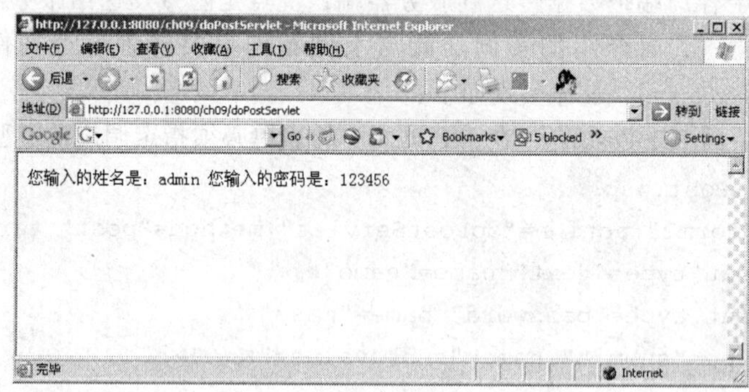

图 9-6　测试 doPost 方法

9.4.2　从 Servlet 向 JSP 传递信息

JSP 页面和 Servlet 可以相互传递参数。接下来，对上例进行改进，增加一个对提交信息验证的功能。当用户提交姓名、密码时，如果信息验证正确，将转向 hello.jsp 页面，显示欢迎信息；否则转向 error.jsp 页面。在 Servlet 中，利用 RequestDispather 接口实现 Servlet 的转向。具体实现如下：

（1）编写 JSP 页面 formPost_dispath.jsp，实现登录信息的输入。

【例 9.8】formPost_dispath.jsp

```
<%@ page language="java" contentType="text/html; charset=gb2312"%>
<!DOCTYPE html PUBLIC "-//W3C//DTD HTML 4.01 Transitional//EN"
        "http://www.w3.org/TR/html4/loose.dtd">
<html>
    <head>
        <meta http-equiv="Content-Type" content="text/html; charset=gb2312">
        <title>一个简单的 JSP 例子</title>
    </head>
```

```
    <body>
        <h1 align="center">一个简单的 JSP 例子</h1>
        <div align="center">
      <form name="form1" action="doPostServlet_dispath" method="post" target="_self">
    姓名: <input type="text" name="name">
    密码: <input type="password" name="pass">
        <input type="submit" name="sub" value="发送">
        </form>
        </div>
        </body>
</html>
```

(2) 编写 Java 类 doPostServlet_dispath.java，接收 formPost_dispath.jsp 页面提交的信息。

【例 9.9】doPostServlet_dispath.java

```
package servlet;
import java.io.*;
import javax.servlet.*;
import javax.servlet.http.*;
public class doPostServlet_dispath extends HttpServlet {
    public void doPost(HttpServletRequest request,HttpServletResponse
     response)throws ServletException,IOException{
        //设置输出编码格式
        response.setContentType("text/html;charset=gb2312");
        //获取信息内容
        String name=request.getParameter("name");
        String pass=request.getParameter("pass");
        if(name.equals("helen")){
            request.setAttribute("login_name",name);
            getServletConfig().getServletContext().getRequestDispatcher
             ("/hello.jsp").forward(request,response);
        }else{
            response.sendRedirect("error.jsp?errmsg=用户姓名错误!");
        }
    }
}
```

(3) 编写 JSP 页面 hello.jsp，显示欢迎信息。

【例 9.10】hello.jsp

```
<%@ page language="java" contentType="text/html; charset=gb2312"%>
<!DOCTYPE html PUBLIC "-//W3C//DTD HTML 4.01 Transitional//EN"
"http://www.w3.org/TR/html4/loose.dtd">
<html>
<head>
<title>hello page</title>
</head>
<body>
<%
```

```
request.setCharacterEncoding("gb2312");
%>
hello,nice to meet you !  <%=request.getAttribute("login_name")%>
</body>
</html>
```

（4）编写 JSP 页面 error.jsp，显示出错信息。

【例 9.11】error.jsp

```
<%@ page language="java" contentType="text/html; charset=gb2312"%>
<!DOCTYPE html PUBLIC "-//W3C//DTD HTML 4.01 Transitional//EN"
"http://www.w3.org/TR/html4/loose.dtd">
<html>
<head>
<title>登录失败</title>
</head>
<body>
<%
request.setCharacterEncoding("gb2312");
%>
错误信息：<%=request.getAttribute("errmsg")%>
请重新<a href='<%=response.encodeURL("login.jsp") %>'>登录</a>.
</body>
</html>
```

（5）在 web.xml 的</web-app>标记以上添加如下内容：

```
web.xml(部分内容)
<!-- Servlet to JSP exsample-->
<servlet>
    <servlet-name>doPostServlet_dispath</servlet-name>
    <servlet-class>servlet.doPostServlet_dispath</servlet-class>
</servlet>
<servlet-mapping>
    <servlet-name>doPostServlet_dispath</servlet-name>
    <url-pattern>/doPostServlet_dispath</url-pattern>
</servlet-mapping>
```

启动 Tomcat，在浏览器地址栏里输入“http://127.0.0.1:8080/ch09/formPost_dispath.jsp”，执行结果如图 9-7 所示。

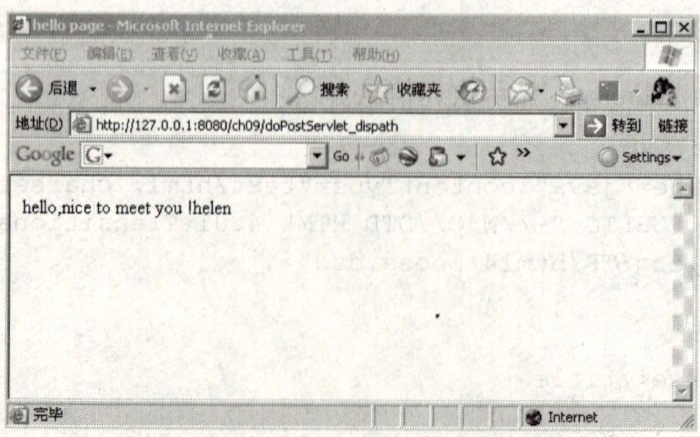

图 9-7　从 Servlet 到 JSP 传递信息

9.4.3 实例改进

现在可以利用第 8 章学过的 JavaBean 技术，对用户登录实例进行改进，在 Servlet 中使用数据库对用户登录的信息进行验证。

实例中包含几个文件：login.jsp、hello.jsp、error.jsp、dbConn.java、User.java、controlServlet.java、DataAccess.java。其中 login.jsp 页面实现输入用户登录信息，hello.jsp 和 error.jsp 页面保持不变，代码分别如例 9.10、例 9.11 所示。dbConn.java 用来连接 SQL Server 数据库，和第 8 章相比，去掉了查询数据库表的功能。User.java 是记录用户登录信息的 JavaBean，User.java 的代码可参考第 8 章的例 8.6。controlServlet.java 实现对登录信息进行验证。DataAccess.java 用来访问数据层，所有对用户数据的操作都可以放到这个类里，其主要功能，就是判断输入的用户信息是否合法。本例使用的数据库是第 8 章创建的 SQL Server 数据库 student，表为 loginUser，具体内容参考第 8 章的 8.4.1 节。本例的具体实现如下：

（1）编写 JSP 页面 login.jsp，实现用户登录。

【例 9.12】 login.jsp

```
<%@ page language="java" contentType="text/html; charset=gb2312"%>
<html>
<head>
<title>用户登录</title>
</head>
<body>
<p align="center">登录窗口</p>
<form name="form1" method="post" action="controlServlet" >
<p align="center">姓名: <input type="text" name="name"> </p>
<p align="center">密码: <input type="password" name="pass"> </p>
<p align="center"><input type="submit" name="sub" value="登录"></p>
</form>
</body>
</html>
```

（2）编写 Java 类 dbConn.java，实现获取数据库连接。

【例 9.13】 dbConn.java

```
package Bean;
import java.sql.Connection;
import java.sql.ResultSet;
import java.sql.Statement;
import java.sql.DriverManager;
import java.sql.SQLException;
import Bean.User;
public class dbConn {
  String sDBDriver="com.microsoft.jdbc.sqlserver.SQLServerDriver";
  String sConnStr="jdbc:microsoft:sqlserver://127.0.0.1:1433;DatabaseName
=student";
   Connection conn=null;
```

```
    ResultSet rs=null;
    public dbConn(){
        try {
            Class.forName(sDBDriver);
        } catch (java.lang.ClassNotFoundException e) {
            System.out.println(e.getMessage());
        }
    }
    public Connection getConnection(User user){
        try{
            conn=DriverManager.getConnection(sConnStr,"sa","sa");
        }catch (SQLException e) {
            e.printStackTrace();
        }
        return conn;
    }
}
```

（3）编写 Java 类 controlServlet.java，实现对登录信息的验证。

【例 9.14】controlServlet.java

```
package servlet;
import java.io.*;
import Bean.User;
import servlet. DataAccess;
import java.sql.ResultSet;
import java.sql.SQLException;
import javax.servlet.*;
import javax.servlet.http.*;
public class controlServlet extends HttpServlet {
    public void doPost(HttpServletRequest request,HttpServletResponse
    response)throws ServletException,IOException{
        //设置输出编码格式
        response.setContentType("text/html;charset=gb2312");
        //获取信息内容
        String name=request.getParameter("name");
        byte c[]=name.getBytes("ISO-8859-1");
        name=new String(c);
        String pass=request.getParameter("pass");
        User user=new User();
        user.setName(name);
        user.setPass(pass);
        DataAccess dao=new DataAccess();
        boolean isLogin;
        try{
```

```
            isLogin=dao.login(user);
            if(isLogin){
                request.setAttribute("login_name",name);
                getServletConfig().getServletContext().getRequestDispatcher
                 ("/hello.jsp").forward(request,response);
            }else{
                request.setAttribute("errmsg","用户名称错误");
      getServletConfig().getServletContext().getRequestDispatcher("/error.jsp").
      forward(request,response);
            }
        } catch (SQLException e) {
            e.printStackTrace();
        }
    }
}
```

说明：

代码行 getServletConfig().getServletContext().getRequestDispatcher("/hello.jsp").forward (request, response)的含义是将当前 servlet 的请求转发给 server 上的其他资源（如 servlet、JSP 文件或 HTML 文件）。关于 servlet 相应类的用法可查阅 Servlet API2.4。

（4）编写 Java 类 DataAccess.java，判断输入的用户信息是否合法。

【例 9.15】 DataAccess.java

```
package servlet;
import java.sql.Connection;
import java.sql.PreparedStatement;
import java.sql.ResultSet;
import java.sql.SQLException;
import java.util.ArrayList;
import java.util.List;
import Bean.User;
import Bean.dbConn;
public class DataAccess {
//连接数据库
    private Connection conn;
    private PreparedStatement pstat;
    dbConn dbConn;
    String sql="";
    public DataAccess(){
    dbConn=new dbConn();
        }
    //验证用户 先将存放到数据库上的用户信息取出来 然后再比较
    public boolean login(User user) throws SQLException {
        conn=dbConn.getConnection(user);
        boolean i=false;
        sql="select name from loginUser where name=? and pass=?";
```

```
            pstat=conn.prepareStatement(sql);
            pstat.setString(1,user.getName());
            pstat.setString(2,user.getPass());
            ResultSet rs1=pstat.executeQuery();
            if (rs1.next()){
                i=true;
                rs1.close();
                pstat.close();
            }
            else {
                i=false ;
                rs1.close();
                pstat.close();
            }
            conn.close();
            return i;
        }
    }
```

（5）完善 web.xml 文件，在 web.xml 的</web-app>标记以上添加如下内容。

```
web.xml(部分内容)
<!-- Servlet,JSP,JavaBean exsample-->
<servlet>
    <servlet-name>controlServlet</servlet-name>
    <servlet-class>servlet.controlServlet</servlet-class>
</servlet>
<servlet-mapping>
    <servlet-name>controlServlet</servlet-name>
    <url-pattern>/controlServlet</url-pattern>
</servlet-mapping>
```

启动 Tomcat，在浏览器地址栏里输入“http://127.0.0.1:8080/ch09/login.jsp”，执行结果如图 9-8 所示。

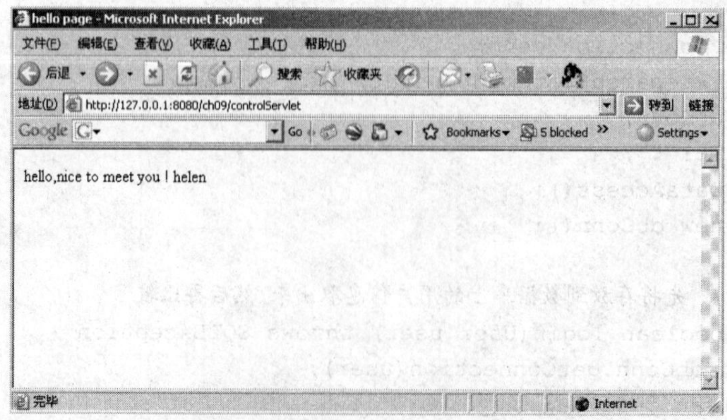

图 9-8 JSP+Servle+JavaBean 实例

同本节及第 8 章的实例相比，本实例将 JSP、Servlet、JavaBean 结合在一起，避免了在 JSP 页面中出现大量的 Java 代码，利用 Servlet 实现控制功能，利用 JavaBean 访问数据库。提高了编程效率。

9.5 JSP 网站开发的两种模式

JSP 设计模式有两种：

（1）JSP+JavaBean 设计模式。

（2）JSP+JavaBean+Servlet 设计模式。

1. JSP+JavaBean 设计模式

在第 8 章使用的是 JSP+JavaBean 设计模式。在这种模式中，JSP 页面独自响应请求并将处理结果返回客户，所有的数据库操作通过 JavaBean 处理，JSP 实现页面的表现。大量使用模式形式，会导致页面嵌入大量的脚本语言或 Java 代码段。当需要处理的商业逻辑很复杂时，这种情况会使页面设计变得很复杂。

因此，JSP+JavaBean 的设计模式不能满足大型应用的要求，但可以很好地满足小型应用的需要。

2. JSP+JavaBean+Servlet 设计模式

本章 9.4.3 节使用的是 JSP+JavaBean+Servlet 设计模式。在这种模式中，通过 JSP 技术表现页面，应用 Servlet 技术完成大量的事务处理工作。Servlet 充当着控制者的角色，并负责向客户发送请求，所有的数据库操作通过 JavaBean 处理。由 Servlet 创建 JSP 需要的 JavaBean 和对象，然后根据用户的请求行为，决定将哪个 JSP 页面发送给用户。

此模式也称为 MVC（模型—视图—控制）模式。通过这种设计模型把应用逻辑、处理过程和显示逻辑分成不同的组件进行实现，这些组件可以进行交互和重用，从而弥补了 JSP+JavaBean 设计模式的不足。

第 10 章将介绍基于 MVC 设计模式的 Struts 框架，采用 Struts 能开发的基于 MVC 设计模式的应用构架。

小　　结

在本章中，介绍了 Servlet 技术的基础知识、基本结构，以及 Servlet 与客户端的交互，同时对基于 JSP 的 Web 开发模式进行了总结。

习　　题

一、选择题

1. 如果表单使用 POST 方式进行提交，则 Servlet 可使用（　　）方法处理用户的请求。

   A. Post　　B. doPost　　C. service　　D. init

2. 以下关于 Servlet 的说法正确的是：（　　）

   A. Servlet 可以获取用户的 session 会话　　B. Servlet 不能对数据库表进行操作

C. Servlet 不能对文件进行读/写操作　　　　D. Servlet 不能获取用户的 session 会话

3. 在编译 Servlet 或 Javabean 时，使用（　　）命令。

A. Javac　　　　B. Java　　　　C. Servlet　　　　D. 以上三种都不对

二、问答题

1. 简述 Servlet 的生命周期。
2. 简述 Servlet 文件的基本结构。
3. 简述编译和使用 Servlet 的主要步骤。
4. 如何在 Servlet 中调用一个 JSP 错误页？
5. 编写一个文件，利用 Servlet 的 doPost 方法实现 Form 表单内容的读取。

第 10 章 Struts 框架学习

在本章中，将对 Struts 框架做一个简单的介绍，并通过一个实例向读者介绍如何在 Eclipse 中应用 Struts 框架。

10.1 MVC 设计模式

Web 应用程序开发的两种模型：Sun 在 JSP 推出早期制定了两种规范，称为 Model 1 和 Model 2。下面分别介绍这两种模式。

1. Model 1 模式

Model 1 的基础是 JSP 文件。它从 HTTP 的请求中提取参数，调用相应的业务逻辑，处理 HTTP 会话，最后生成 HTTP 文档如图 10-1 所示。这样一系列的 JSP 文件形成一个完整的 Model 1 应用，当然可能会有其他辅助类或文件。早期的 ASP 和 PHP 技术就属于这个情况。JSP 页面中可以非常容易地结合业务逻辑（jsp:useBean）、服务端处理过程（jsp:scriplet）和 HTML（<html>），以同时实现显示、业务逻辑和流程控制，从而可以快速地完成应用开发。现在很多 Web 应用都是由一组 JSP 页面构成的。这种以 JSP 为中心的开发模型，称为 Model 1。

总体看来，这个模型的好处是简单，适合小规模或要求尽快实现的应用开发。对于一些大型项目，其也存在不足之处：使用一组 JSP 页面实现业务流程，不利于扩展和更新；由于应用是完全建立在 JSP 页面之上而不是模块上的，业务逻辑和表示逻辑混合在 JSP 页面中没有进行分离，不利于应用系统业务的重组和改动。

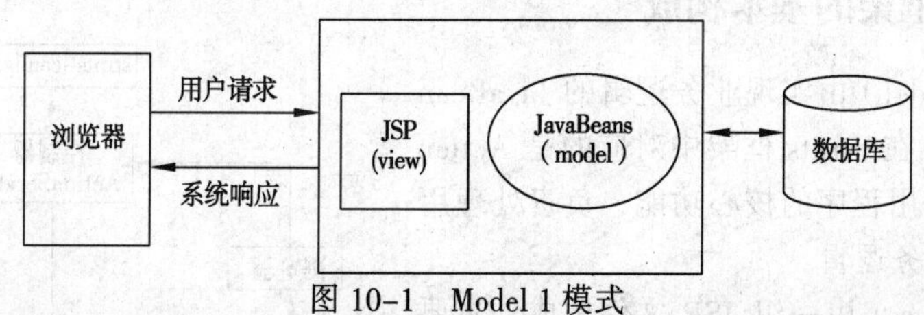

图 10-1　Model 1 模式

2. Model 2 模式

经过实践，并广泛借鉴和总结经验教训之后，J2EE 应用程序出现了 MVC（模型—视图—控制）模式。MVC 模式并不是 J2EE 行业人士标新立异的，其核心就是设计到三层甚至多层的松散耦合，如图 10-2 所示。

MVC（Model – View – Controller）中的“Model” 代表的是应用的业务逻辑（通过 JavaBean，EJB 组件实现），“View”是应用的表示面（由 JSP 页面产生），“Controller”是提供应用的处理过程控制（一般是一个 Servlet）；通过这种设计模型把应用逻辑、处理过程和显示逻辑分成不同的组件实现，使这些组件可以进行交互和重用。

Model 2 具有组件化的优点，从而更易于实现对大规模系统的开发和管理，但是开发 MVC 系统比简单的 JSP 开发要复杂得多，它需要更多的时间学习和掌握。同时，新内容的引入会产生新的问题，必须基于 MVC 组件的方式重新思考和设计应用结构。原来通过建立一个简单的 JSP 页面就能实现的应用，变成现在多个步骤的设计和实现过程。

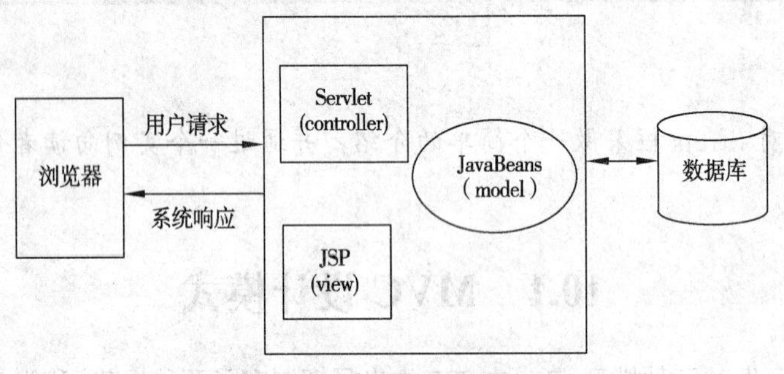

图 10–2　Model 2 模式

10.2　Struts 框架简介

10.2.1　Struts—基于 MVC 设计模式的框架

Struts 是采用 Java Servlet/JavaServer Pages 技术，开发 Web 应用程序的开放源码的框架（framework），是 Jakarta 项目的组成部分。采用 Struts 能开发出基于 MVC 设计模式的应用构架。

Struts 是建立在 Model 2 基础之上的 MVC 框架，是一组相互协作的类、Servlet 和 JSP 标签。它提供了自己的控制（controller）组件，并与其他技术集成提供模型（model）与视图（view）。对于模型，Struts 能与标准的数据访问技术（如 JDBC 和 EJB）交互；对于视图，Struts 能与 JavaServer Pages（包括 JSTL 和 JSF）进行良好的集成。

10.2.2　Struts 框架的基本构成

（1）模型（model）由实现业务逻辑的 JavaBean 或 EJB 组件组成，在 Struts 框架中对应的是 Action Form。其代表该应用程序的核心功能，负责处理用户的数据和实现业务逻辑。

（2）视图（view）由一组 JSP 文件构成，主要指与用户交互的界面，即应用程序的外观。视图可以接受用户的输入，但不负责任何实际的业务处理，只是将数据转交给控制器。同时，视图还负责展现模型给用户的数据。

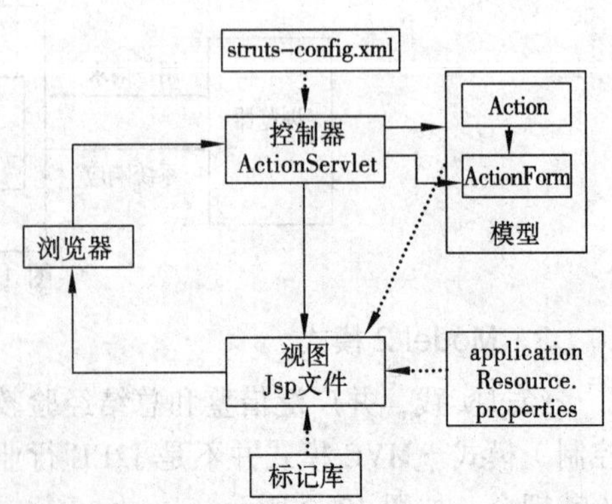

图 10–3　Struts 框架的基本构成

（3）控制器（controller）由 ActionServlet 和 Action 实现，负责接收用户的请求和数据，然后会判断将请求和数据交由哪一个模型来处理，最后调用视图来显示模型返回的数据。

10.2.3 Struts 的下载和安装

Struts 是开放源码的软件，使用者可以直接从网上下载 Struts 的源代码和二进制包。在 Apache 组织的官方网站 http://archive.apache.org/dist/struts/struts-1.2.4/,提供了很多版本的下载，其下载页面如图 10-4 所示。

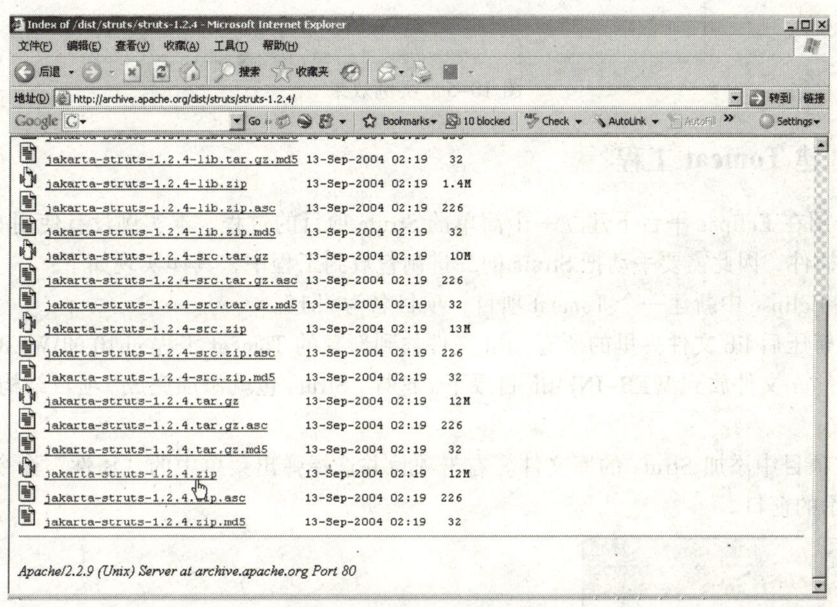

图 10-4　Struts 下载页面

本书使用的是 Struts1.2 版，从网站下载的二进制包的名称：jakarta-struts-1.2.4.zip。将 zip 包解压到%STRUTS_HOME%目录，内容分别如下：

（1）contrib 文件夹包含一些扩展的标签库。

（2）lib 文件夹包含 struts.jar 等库文件。

（3）webapps 文件夹包含了 Struts 应用程序的实例。

10.3 案 例 拓 展

学习完 Struts 的基础知识后，接下来通过一个简单的项目来学习如何在 Eclipse 平台中应用 Struts 框架。

10.3.1 实例功能描述

在本例中，要实现的功能：进入登录页面，输入用户名，如果输入正确，进入主页面；否则提示错误信息。页面效果如图 10-5 所示。

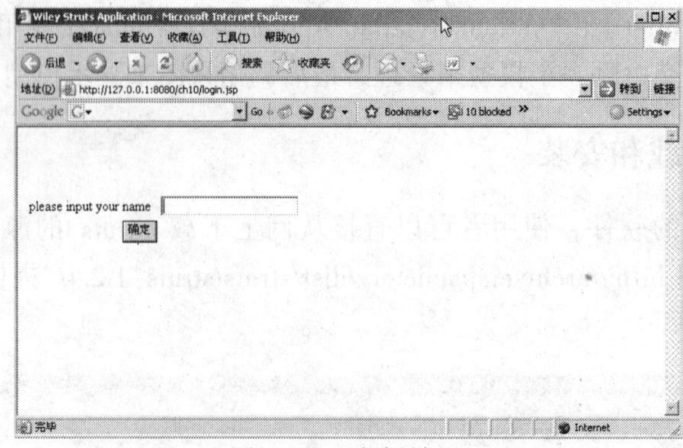

图 10-5　实例效果

10.3.2　创建 Tomcat 工程

下面介绍在 Eclipse 平台下建立一个简单的 Struts 项目的过程。本实例没有使用 Struts 平台下的 Struts 插件，因此需要手动把 Struts 的二进制包放到工程中，具体实现如下：

（1）在 Eclipse 中新建一个 Tomcat 项目，项目名为 ch10。

（2）将解压后 lib 文件夹里的所有*.tld 文件放到新建的 Tomcat 工程 ch10 的\WEB-INF 目录下，把所有*.jar 文件放到 WEB-INF\lib 目录下。这样，Struts 包就添加完成。项目结构如图 10-6 所示。

（3）在项目中添加 Struts 的库文件。右击项目并选择弹出菜单中的“属性”命令，弹出如图 10-7 所示的窗口。

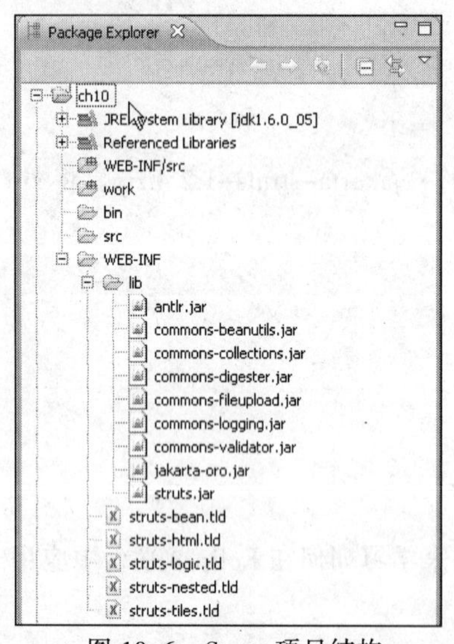

图 10-6　Struts 项目结构

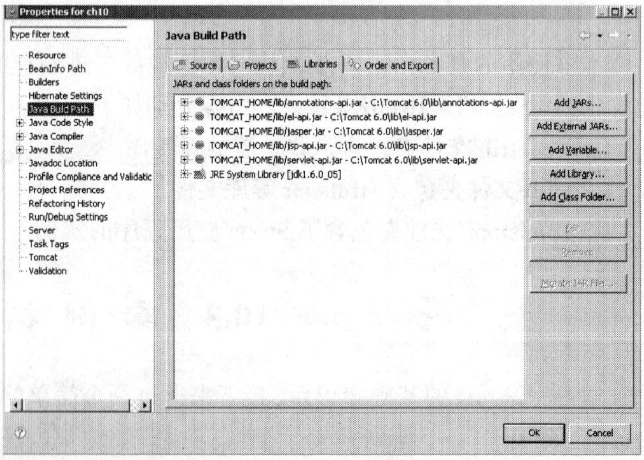

图 10-7　Struts 项目属性菜单

（4）单击 Add JARs...按钮，添加 WEB_INF/lib 目录下的所有*.jar 文件。

10.3.3　设计视图

首先要建立两个 JSP 页面，分别命名为 login.jsp 和 main.jsp。其中，login.jsp 用来输入用户名，main.jsp 用来做为主页面。具体实现如下：

（1）新建 JSP 页面 login.jsp，实现用户登录。

【例 10.1】login.jsp

```
<%@ page contentType="text/html;charset=UTF-8" language="java"%>
<%@ taglib uri="/WEB-INF/struts-html.tld" prefix="html"%>
<%@ taglib uri="/WEB-INF/struts-bean.tld" prefix="bean"%>
<html>
<head>
<title>Wiley Struts Application</title>
</head>
<body>
<table width="500" border="0" cellspacing="0" cellpadding="0">
<tr>
<td> </td>
</tr>
<tr>
<td> </td>
</tr>
</table>
<html:form action="Login">
<table width="45%" border="0">
<tr>
<td><bean:message key="label.name"/></td>
<td><html:text property="symbol" /></td>
</tr>
<tr>
<td  align="right">
<html:submit styleClass="Standard-ButtonCN" ><bean:message key="label.ok"/>
</html:submit></td>
</tr>
</table>
</html:form>
</body>
</html>
```

（2）新建 JSP 页面 main.jsp，作为主页面。

【例 10.2】main.jsp

```
<%@ page contentType="text/html;charset=UTF-8" language="java"%>
<%@ taglib uri="/WEB-INF/struts-bean.tld" prefix="bean"%>
<%@ taglib uri="/WEB-INF/struts-html.tld" prefix="html"%>
<html>
<head>
<title>Wiley Struts Application</title>
</head>
<body>
<table width="500" border="0" cellspacing="0" cellpadding="0">
<tr>
```

```
<td> </td>
</tr>
<tr>
<td> </td>
</tr>
<tr>
<td> </td>
</tr>
<tr>
<td> </td>
</tr>
<tr>
<td>
Welcome ! <%=request.getAttribute("user")%>
</td>
</tr>
</table>
</body>
</html>
```

10.3.4 设计模型

模型类用以表示用户输入的数据。新建一个 ActionForm 类来获取用户的输入信息，该类继承自 org.apache.struts.action.ActionForm。代码如例 10.3 所示。

【例 10.3】LoginForm.java

```
package hello;
import org.apache.struts.action.ActionForm;
public class LoginForm extends ActionForm{
    private String user=null;
    public String getUser()
    {
        return user;
    }
    public void setUser(String string){
            user=string;
    }
}
```

10.3.5 设计控制器

控制器用以接收用户的输入，并进行验证。选中项目文件夹下的 WEB-INF/src 文件夹并右击，在弹出的快捷菜单中选择 New→Class 命令，会弹出如图 10-8 所示的窗口。在窗口中输入包名 hello，Action 名称为 Login Action，Action 类应该继承自 org.apache.struts. action. Action，单击“完成”按钮。

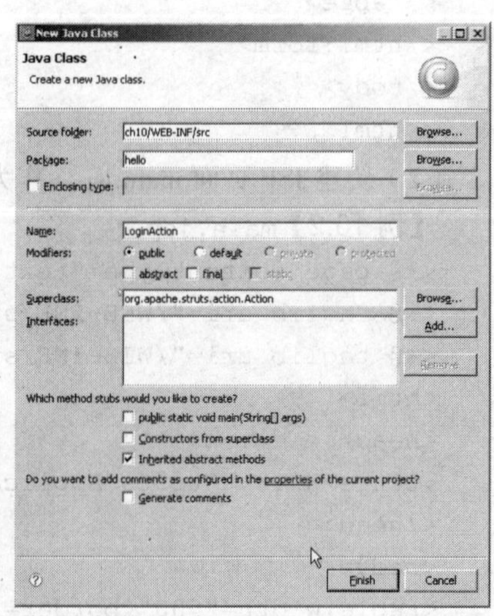

图 10-8 新建 Action

LoginAction 的代码如例 10.4 所示。

【例 10.4】LoginAction.java

```
package hello;
import org.apache.struts.action.Action;
import org.apache.struts.action.ActionForward;
import org.apache.struts.action.ActionMapping;
import org.apache.struts.action.ActionForm;
import javax.servlet.http.HttpServletRequest;
import javax.servlet.http.HttpServletResponse;
import java.io.IOException;
import javax.servlet.ServletException;
import com.LoginForm;
public class LoginAction extends Action{
    public ActionForward execute(ActionMapping mapping,
    ActionForm form,HttpServletRequest request,HttpServletResponse response)
    throws IOException,ServletException{
    //  Default target to success
        String target=new String("success");
        if (form==null){
        } else{
            //Use the LookupForm to get the request parameters
            LoginForm loginForm=(LoginForm) form;
            String user=loginForm.getUser();
            if (user.equals("hellen")){
                target="success";
                request.setAttribute("user","hellen");
            } else{
                target="failure";
                request.setAttribute("user","wrong");
            }
        return(mapping.findForward(target));
    }
    }
```

10.3.6 编写配置文件

接下来编写配置文件 web.xml 和 struts-config.xml。

（1）编写 web.xml 文件。在 WEB_INF 目录下新建 web.xml 文件，代码如例 10.5 所示。

【例 10.5】web.xml

```
<?xml version="1.0" encoding="UTF-8"?>
<!DOCTYPE web-app PUBLIC "-//Sun Microsystems, Inc.//DTD Web Application 2.3
//EN" "http://java.sun.com/dtd/web-app_2_3.dtd">
<web-app>
<servlet>
 <servlet-name>action</servlet-name>
<servlet-class>org.apache.struts.action.ActionServlet</servlet-class>
   <init-param>
```

```
        <param-name>config</param-name>
        <param-value>/WEB-INF/struts-config.xml</param-value>
    </init-param>
    <load-on-startup>1</load-on-startup>
</servlet>
<servlet-mapping>
    <servlet-name>action</servlet-name>
    <url-pattern>*.do</url-pattern>
</servlet-mapping>
  <welcome-file-list>
    <welcome-file>login.jsp</welcome-file>
  </welcome-file-list>
<taglib>
    <taglib-uri>/WEB-INF/struts-html.tld </taglib-uri>
    <taglib-location>/WEB-INF/struts-html.tld </taglib-location>
</taglib>
</web-app>
```

（2）编写 struts-config.xml 文件。在 WEB_INF 目录下新建 struts-config.xml 文件，代码如例 10.6 所示。

【例 10.6】struts-config.xml

```
<?xml version="1.0" encoding="UTF-8"?>
<!DOCTYPE struts-config PUBLIC "-//Apache Software Foundation//DTD Struts
Configuration                                                        1.2//EN"
"http://jakarta.apache.org/struts/dtds/struts-config_1_2.dtd">
<struts-config>
<form-beans>
<form-bean name="LoginForm" type="hello.LoginForm"/>
</form-beans>
  <global-forwards>
  </global-forwards>
 <action-mappings>
     <action path="/Login" type="hello.LoginAction" name="LoginForm" validate
="true" scope="request" input="/login.jsp">
         <forward name="success" path="/main.jsp"/>
         <forward name="failure" path="/login.jsp"/>
     </action>
 </action-mappings>
 <message-resources null="false" parameter="hello.ApplicationResources" />
   <!-- ========== Plug Ins Configuration ============================ -->
 <plug-in className="org.apache.struts.validator.ValidatorPlugIn">
    <set-property value="/WEB-INF/validator-rules.xml,/WEB-INF/validation.
xml"property="pathnames"/>
 </plug-in>
</struts-config>
```

为了实现对多国语言的支持，Struts 引入了 applicationresources.properties 文件。例如在 login.

jsp 文件中，<bean:message key="label.name" />实际输出的是"please input your name"。

"label.name"和"please input your name"的对应关系在 applicationresources.properties 文件中列出，部分代码如例 10.7 所示。

【例 10.7】 applicationresources.properties

```
label.name=please input your name
label.ok=\u786E\u5B9A
```

完成上面的过程后，项目便开发完成，接下来测试这个程序能否正常运行。启动 Tomcat，在 IE 地址栏输入 http://127.0.0.1:8080/ch10/login.jsp。

小　结

本章首先介绍了 Web 应用程序开发的两种模型及 MVC 的概念，然后讲解了 Struts 的一些基本概念，最后通过一个简单实例，说明如何使用 Struts 包进行开发。如果读者想进一步了解 Struts，可以到 Apache 的官方网站获得更多的学习资料。

习　题

一、填空题

1. MVC 中"Model"代表的是__________，"View"代表的是__________，"Controller"代表的是__________。
2. 在 Struts 框架中对应模型的是__________，它的作用是__________。
3. 在 Struts 框架中对应视图的是__________，它的作用是__________。
4. 在 Struts 框架中对应控制器的是__________，它的作用是__________。

二、问答题

1. MVC 设计模式的优点是什么？
2. 在 Eclipse 中开发一个用户登录模块，要求使用数据库验证用户信息。

习题答案

第1章

一、填空题

1. 客户端技术、服务器端技术
2. 客户端脚本
3. “交互性”、“自动更新”和“因时因人而变”
4. .htm、.html
5. html
6. Java程序片断（Scriptlet）和JSP标记（tag）

二、问答题

1. JSP具有哪些优点？

运行速度快；将业务逻辑层和表示层分离；兼容多操作系统；方便的组件功能；一次编写，处处运行。

2. 静态Web页和动态Web页的主要区别是什么？

静态网页和动态网页的区别：静态网页的文件扩展名是.htm、.html，而动态网页的文件扩展名以.asp、.jsp、.php、.perl、.cgi等为文件后缀；动态网页中的一些脚本只能在服务器上运行，而静态网页不能在服务器上运行任何脚本；当Web服务器收到用户请求的静态页面后，将把查找结果直接发送到浏览器，而当Web服务器收到用户请求的动态页面后，将先把这个网页传送到应用服务器上的特殊软件进行处理，然后将处理结果传送给客户端。

第2章

一、填空题

1. 操作系统、JSP编译程序、Web应用程序服务器、后台数据库、JDBC接口等。
2. JSP编译程序
3. Web应用程序服务器
4. 在Eclipse中安装支持Tomcat应用服务器的插件
5. C:\Tomcat5.0\webapps

二、问答题

1. 简述安装JSP环境所需的主要步骤。

安装免费的Java开发工具J2SDK；安装Tomcat服务器；安装JSP开发工具；安装数据库及其驱动程序。

2. JSP运行环境的构成。

服务器端需要安装软件：操作系统、JSP编译程序、Web应用程序服务器、后台数据库和JDBC接口等。

3. JSP页面要访问SQL Server数据库，需要安装哪些程序？

除了要安装相应的数据库以外，还要安装数据库的驱动程序。

第3章

一、填空题

1. 字体标记、列表标记、图片标记、超链接标记、表格标记
2. <body>　bgcolor
3. ol
4. eval()　unEscape()
5. 算术函数对象（math）　日期及时间对象（Date）
6. open()方法 close()方法 alert()方法 confirm()方法 setIntervel()方法

二、问答题

1. 用学过的HTML语句设计一个个人网页（包括个人的基本信息、照片、基本介绍等）。
略。

2. 用表单语句设计一个填写个人信息的Html页面。
参考例3.8所示。

3. Java与JavaScript不同点：

（1）语言性质：Java是一种高级的程序语言，对变量检查及要求严格，而JavaScript是一个简单的解释性的脚本语言。

（2）作用用途：Java可用来开发软件以及手机、游戏等项目，而JavaScript则多用于网页或类似于网页的编程，可用于服务器端也可用户客户端。

（3）工作原理：Java开发的产品需要编译成二进制代码以后直接可直接在系统平台级别上运行的，所以速度和效率较高，而JavaScript则多由浏览器（如IE）或类似于浏览器的级别逐行解释执行的，速度和效率较慢。

可以把JavaScript看做是Java的简化及脚本化，思路及编程结构很类似。不过却不是同一家公司的产品。

4. 用JavaScript解决阶乘求解问题。
程序如下：

```
<html>
<head>
<title>求阶乘</title>
<SCRIPT LANGUAGE="JavaScript">
function mul()
{
var i;
var num=1;
for(i=1;i<=parseInt(document.all.text1.value);i++)
{
num=num*i;
}
document.all.text2.value=num;
}
```

```
</SCRIPT>
</head>
<body>
<P>
<input type=text name="text1" size="14">
<input name="btmul" type="button" value="阶乘" onClick="mul()"></p>
<input type=text name="text2" size="14">
</body>
</html>
5
<script>
for (var a=0;a<=20;a++ )
{
for (var b=0;b<=33;b++ )
{
var c=100-a-b;
if((a*5+b*3+c/3)==100)
document.write("a="+b+";b="+b+";c="+c+"<br>"+(c/3)+"<br>");
}
}
</script>
```

第 4 章

问答题

1. 本章介绍的学生管理系统的设计模式是什么？JSP 的设计模式？

学生管理系统采用 JSP+JavaBean+Servlet 的设计模式。通过 JSP 技术表现页面，通过 Servlet 技术完成事务处理工作。其他的设计模式有：jsp+JavaBean 等。

2. 以下给出的是学生管理系统中用户登录的流程图，请画出其他模块的流程图。

如添加学生信息模块。

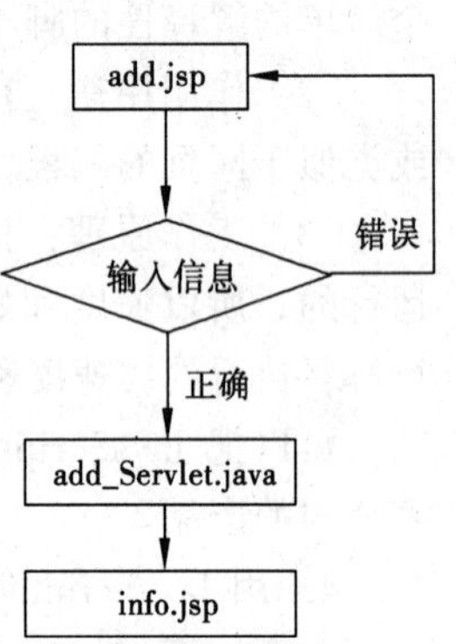

第 5 章

一、填空题

1. HTML 注释（输出注释）　　隐藏注释　　HTML 注释
2. JSP 容器 JSP 注释 指令元素 脚本元素 动作元素
3. Page 指令 Include 指令 Taglib 指令
4. Page 指令 Include 指令 Taglib 指令
5. <jsp:include>
6. <jsp:include> 、<jsp:param> 、<jsp:forward> 、<jsp:useBean> 、<jsp:getProperty> 、<jsp:setProperty> 、<jsp:plugin>

7. text/html　　　ISO-8859-1

8. 声明

二、问答题

1. 输出注释和隐藏注释的区别和应用场合。

输出注释（也称为 HTML 注释）和隐藏注释的区别在于注释的内容在客户端是否显示，或者说注释的内容是否发送到客户端。输出注释是一种为在客户端显示的注释，隐藏注释就是客户端看不到，只给开发程序员专用的注释。

2. Page 指令常见的属性有哪些，分别代表什么含义？

Page 指令常见的属性包括：language、import、errorPage、session、contentType、pageEncoding。language 属性主要指定 JSP Container 要用什么语言来编译 JSP 网页，import 属性主要定义此 JSP 网页可以使用哪些 Java API，errorPage 属性表示如果发生异常错误时，网页会被重新指向那一个 URL，session 属性决定此 JSP 网页是否可以使用 session 对象。，contentType 属性表示 MIME 类型和 JSP 网页的编码方式，pageEncoding 属性表示 JSP 网页的编码方式。

3. 说出<%@ page include%>、<%@ include%>、<jsp:include>三者的区别？

<%@ page include%>和<%@ include%>只能包含静态文件，而<jsp:include>既可以包含静态文件，又可以包含动态文件。如果文件仅是静态文件，那么这种包含仅仅是包包含文件的内容加到 JSP 文件中去，而如果这个文件是动态的，那么这个被包含文件也会被 JSP 编译器执行。

4. 动态网页设计中，有几种页面跳转方式，比较几种跳转方式的区别并介绍分别是如何实现的？

（1）< jsp:forward page="" / >，跳转后浏览器地址栏不变，但是只能跳到当前页面下；

（2）response.sendRedirect()，此语句前不允许有 out.flush()，如果有 out.flush()，会有异常。跳转后浏览器地址栏变化，如果要跳到不同页面下，跳转后，此语句后面的语句会继续执行，如同新开了线程，但是对 response 的操作已经无意义了；

（3）response.setHeader("Location","")，此语句前不允许有 out.flush()，如果有 out.flush()，页面不会跳转。 跳转后浏览器地址栏变化，此语句后面的语句执行完成后才会跳转。

5. 使用标识符<% %>可以进行哪几方面的应用？

（1）编译器指令<%@ 编译器指令 %>

（2）预定义<%!预定义%>。

（3）运算式<%=运算式%>。

（4）程序代码<%程序代码>。

（5）注释<%--注释--%>。

三、编程题

略

第6章

一、选择题

1. D　　2. B　　3. A　　4. A　　5. A

6. C　　7. C　　8. A　　9. B　　10. B

二、问答题

1. JSP 有哪些内置对象？分别有什么作用？

JSP 内置对象有：request、reponse、out、session、application、config、pagecontext、page、exception。

（1）request 对象：该对象封装了用户提交的信息，通过调用该对象相应的方法可以获取封装的信息，即使用该对象可以获取用户提交信息。

（2）response 对象：对客户的请求做出动态的响应，向客户端发送数据。

（3）session 对象：表示目前个别用户的会话（session）状况，用此项机制可以轻易识别每一个用户，然后针对每一个别用户的要求，给予正确的响应。

（4）application 对象：用在于取得或更改 Servlet 的设定。

（5）config 对象：存放着一些 Servlet 初始的数据结构，config 对象和 page 对象一样都很少被用到。

（6）page 对象：代表 JSP 本身，它代表 JSP 被转译后的 Servlet。

（7）pageContext 对象：能够存取其他隐含对象。

（8）exception 对象：用于页面异常处理。

2. 简述<%response.sendRedirect("a.jsp");%>和<jsp:forward page="a.jsp">的相同点和不同点。

两条语句都会引起当前页面的跳转，都可以跳转到 a.jsp 页面。

<% response.sendRedirect("a.jsp");%>跳转后浏览器地址栏变化，<jsp:forward page="a.jsp" >，跳转后浏览器地址栏不变，但是只能跳到当前主机下。

3. 如何设置 Cookie 在某一时间后过期？

可以使用 session.setMaxAge(long expiry)函数

第 7 章

一、填空题

1. JDBC-ODBC Bridge、JDBC Native Bridge、JDBC-Network Bridge、Pure Java JDBC Drive
2. Pure Java JDBC Drive
3. DriverManager
4. Connection
5. Statement
6. ReSultSet
7. java.sql
8. DriverManager 、Connection 、Statement 、ReSultSet 、SQLException
9. DriverManager
10. Class.forName（“sun.jdbc.odbc.JdbcOdbcDriver”）;
11. Class.forName（“com.microsoft.jdbc.sqlserver.SQLServerDriver”）;
12. executeQuery
13. executeUpdate
14. next

二、问答题

1. 简单叙述 JDBC 访问数据库的主要步骤。

（1）用 DriverManager 加载及注册适当的 JDBC 驱动程序。

（2）用 JDBC URL 定义驱动程序与数据来源之间的连接，并且建立一个连接对象。

（3）建立一个 SQL Statement 对象，并且利用它来执行 SQL 语句。

（4）如果执行了一个查询，可以对返回的 ReSultSet 对象进行处理。

（5）关闭数据库连接。

2. 如何解决查询中的中文乱码问题？

目前的解决方法有两种：一种是在执行操作之前设置 request 的编码格式，语法为：

```
request.setCharacterEncoding("GBK")
```

另一种是转换字符编码，语法为：

```
<% String name=request.getParameter("name");
byte c[]=name.getBytes("ISO-8859-1");
name=new String(c);
%>
```

3. 简单叙述 SQL Server 通过本地协议纯 Java 驱动访问 SQL Server 2000 数据库的实现过程。

通过本地协议纯 Java 驱动访问数据库，首先需要在服务器安装数据库的驱动程序。其次要进行 Tomcat 项目的配置，以及在 JSP 页面中通过本地协议纯 Java 驱动连接到数据库。

三、编程题

1. 在 SQL Server 2000 中创建一个“图书管理”数据库，数据库内的“图书表”如表 7-1 所示，用于管理图书信息。创建完成后，使用 JDBC-ODBC 桥从 JSP 网页中访问该数据库，并输出图书信息。

新建表 book

字 段 名	数 据 类 型	长 度		
id	char	5		
Name	char	20		
author	Char	10		
public	char	30		
price	number			

创建 odbc jspdb：

```
<!--jspodbc.jsp-->
<%@ page contentType="text/html;charset=gb2312"import="java.sql.*"%>
<html>
<head>
<title>访问 SQL Server 数据库</title>
</head>
<body>
<h2 align="center">访问 SQL Server 数据库</h2>
<hr>
```

```
<% //下面程序段用于连接到数据库
   //加载类 sun.jdbc.odbc.JdbcOdbcDriver，并通过 newInstance()方法实例化
   Class.forName("sun.jdbc.odbc.JdbcOdbcDriver").newInstance();
   out.println("数据库驱动注册成功! <br>");
   //设置 url 为 ODBC 中的 jspdb
   String url="jdbc:odbc:jspdb";
   String user="sa";
   String password="sa";
   //建立与数据库的连接，将连接赋给 conn
   Connection conn= DriverManager.getConnection(url,user,password);
   out.println("数据库连接成功!<br><hr>");
   //通过 Connection 类的 createStatement()方法创建 Statement 实例，
   //并赋给 stmt，以方便操作数据库
   Statement stmt=conn.createStatement(ResultSet.TYPE_SCROLL_SENSITIVE,
   ResultSet.CONCUR_UPDATABLE);
   //创建 SQL 查询字符串，以选择数据表 book 中的记录
   String sql="select*from book";
   //通过 Statement 类的 executeQuery()方法创建 ResultSet 对象 rs，以方便对数据表
   的操作
   ResultSet rs=stmt.executeQuery(sql);
   //移动到数据表的第一条记录
   rs.first();
   //下面的语句将显示记录中各字段的内容
%>
   图书编号: <%=rs.getObject("id")%><br>
   书名: <%=rs.getObject("name")%><br>
   作者: <%=rs.getObject("author")%><br>
   出版社: <%=rs.getObject("public")%><br>
   价格: <%=rs.getObject("price")%><br>
   <hr>
   数据库访问成功!     <br>
<%
   rs.close();        //关闭 rs
   stmt.close();      //关闭 stmt
   conn.close();      //关闭 conn
%>
   数据库已关闭!
</body>
</html>
```

2. 使用本地协议纯 Java 驱动访问第 1 题所创建的数据库。

把连接数据库方式改为：

```
Class.forName("com.microsoft.jdbc.sqlserver.SQLServerDriver").newInstance();
```

```
String url="jdbc:microsoft:sqlserver://localhost:1433;DatabaseName=student";
String user="sa";String password="sa";
Connection conn=DriverManager.getConnection(url,user,password);
```

即可。

3. 在图书表中添加更多字段，如书号、版次、是否带光盘等，创建JSP页面完成增加图书信息。

修改表 book

字 段 名	数 据 类 型	长 度		
id	char	5		
Name	char	20		
author	Char	10		
public	char	30		
Price	number			
Book_id	Char	10		
disk	Char	1		

具体可参照增加学生信息代码。

4. 创建一个JSP查询页面，可以根据书名、编号或作者等信息，查询出相关书籍。

具体可参照查询学生成绩。

5. 完善上例，增加删除图书功能。

具体可参照增加学生信息代码。

第8章

一、填空题

1. useBean
2. <jsp:getProperty>
3. 只能在当前页面中使用
4. session

二、问答题

1. JavaBean具有哪些特点？

（1）JavaBean由属性、方法、事件（properties、methods、events）组成。

（2）如果类的属性的名字是×××，那么为了更改或获取属性的值，在类中可以使用以下两个方法：get×××()，用来获取属性×××的值；set×××()，用来更改属性×××的值。

（3）属性表示JavaBean的外观和行为等能够在设计阶段进行改变的特征，最好把属性定义为private，这样属性就不能被直接访问，而只能通过getter、setter方法访问。

（4）类中的方法必须是public的。

（5）JavaBean使用事件与其他的JavaBean进行通信。

2. JavaBean一般部署在Web应用的什么目录下？

一般部署在web应用的WEB-INF\src目录下。

3. 在 JSP 中使用 JavaBean 有哪些指令，各有什么作用？

<jsp:useBean>指令：指明在 JSP 页面中使用的 JavaBean 实例，并指定其名字和作用范围。

<jsp:setProperty>指令：使用 bean 的 setter 方法设置 bean 的属性值。

<jsp:getProperty>指令：使用 bean 的 getter 方法获取 bean 的属性值，并将其转换为字符串。

4. 简述编译和使用 JavaBean 的主要步骤。

为使用 JavaBean，首先要编写符合 JavaBean 特征的类，并编译；接下来可以使用 JSP 提供的 3 个页面指令来与 JavaBean 交互，分别是<jsp:useBean>指令、<jsp:setProperty>指令和<jsp:getProperty>指令。

5. JavaBean 变量可以通过方法调用或 setProperty 和 getProperty 标签设置或读取，为什么还要其他方法？

JavaBean 变量有三种方式可被 JSP 访问；可通过将变量名引用到 mybean.myVariable 里，从 scriptlet 直接访问变量；也可以通过恰当的 set 或 get 方法设置或访问变量的值；最后，可以使用 setProperty 和 getProperty 标签。引用变量或使用方法提供尽可能的灵活，允许把变量的值结合在表达式、语句和方法调用里。标签比较简单，允许工具容易操作 JavaBean。一般而言，标签、HTML、XML 或 JSP 使得创建开发工具处理文档更容易实现。

三、编程题

使用 JSP 与 JavaBean 设计一个网站计数器，统计在线的用户数。显示如下：

你是本网站的第 n 个访问者。

要设计两个文件：counter.java 主要用来进行计数器的计数操作；counter1.jsp 文件主要用来显示网页的计数。

```
Counter.java 代码
  Package Bean;
  public class counter {
     //初始化 JavaBean 的成员变量
     int count=0;
     // Class 构造器
     public counter() {
     }
     // 属性 Count 的 Get 方法
     public int getCount() {
     //  计数操作，每一次请求都进行计数器加一
         count++;
       return this.count;
     }
     //属性 Count 的 Set 方法
     public void setCount(int count) {
         this.count=count;
     }
}
```

counter1.jsp代码

```
<%@ page language="java" contentType="text/html; charset=gb2312"
  import="Bean.counter"%>
<!DOCTYPE html PUBLIC "-//W3C//DTD HTML 4.01 Transitional//EN" "http://www.
w3.org/TR/html4/loose.dtd">
<html>
<head>
<meta http-equiv="Content-Type" content="text/html; charset=ISO-8859-1">
<title>站点计数器</title>
</head>
<body>
<!-- 初始化counter这个Bean，实例为bean0-->
<jsp:useBean id="bean0" scope="application" class="Bean.counter" />
<!-- 使用jsp:getProperty 标签得到count属性的值，也就是计数器的值-->
The Counter is :
<jsp:getProperty name="bean0" property="count" /><BR>
</body>
</html>
```

第9章

一、选择题

1. B　2. A　3. A

二、问答题

1. 简述Servlet的生命周期。

Servlet的生命周期主要由3个方法组成。

（1）init()方法：服务器初始化Servlet。

（2）service()方法：初始化完毕，Servlet对象调用该方法响应客户的请求。

（3）destroy()方法：调用该方法销毁Servlet对象。

2. 简述Servlet文件的基本结构。

一个基本的Servlet文件的基本结构如下：

```
import java.io.*;
import javax.servlet.*;
import javax.servlet.http.*;
public class SomeServlet extends HttpServlet {
   public void init(ServletConfig config) throws ServletException {
      super.init(config);
    }
  public void doGet(HttpServletRequest request,HttpServletResponse response)
  throws ServletException, IOException {
    }
public String getServletInfo() {
}
```

3. 简述编译和使用 Servlet 的主要步骤。

（1）要编译 Servlet 类，需要将 servlet-api.jar 加入至 CLASSPATH 中；

（2）编写 web.xml 文件，定义 Servlet、Servlet 的初始化参数等；

（3）可以编写 JSP 页面和 Servlet 交互。

4. 如何在 Servlet 中调用一个 JSP 错误页？

```
getServletConfig().getServletContext().getRequestDispatcher("/error.jsp").
forward(request,response);
```

5. 编写一个文件，利用 Servlet 的 doPost 方法实现 Form 表单内容的读取。

可参考 9.4.1 中 doPost 方法实例，具体过程略

第 10 章

一、填空题

1. 模型、视图、控制器

2. ActionForm、负责处理用户的数据和实现业务逻辑

3. 一组 JSP 文件、视图可以接受用户的输入，但它不包括任何实际的业务处理，它只是将数据转交给控制器。同时，视图还负责展现模型给用户的数据。

4. ActionServlet 和 Action，负责接收用户的请求和数据，接着它会判断将请求和数据交由哪一个模型来处理，最后调用视图来显示模型返回的数据。

二、问答题

1. MVC 设计模式的优点是什么？

通过这种设计模型把应用逻辑、处理过程和显示逻辑分成不同的组件实现，这些组件可以进行交互和重用，从而更易于实现对大规模系统的开发和管理。

2. 在 Eclipse 中开发一个用户登录模块，要求使用数据库验证用户信息。

参见例 10.3 所示。

参 考 文 献

[1] 石志国，薛为民. JSP 应用教程[M]. 北京：清华大学出版社，2004.
[2] 王国辉，李文立. JSP 数据库系统开发完全手册[M]. 北京：人民邮电出版社，2006.
[3] 刘晓华，张健. JSP 应用开发详解[M]. 3 版. 北京：电子工业出版社，2007.
[4] 张桂元，贾燕枫. Eclipse 开发入门与项目实践[M]. 北京：人民邮电出版社，2006.
[5] 冯燕奎，赵德奎. JSP 实用案例教程[M]. 北京：清华大学出版社，2004.
[6] 张晓蕾. JSP 动态网页基础教程[M]. 北京：人民邮电出版社，2006.
[7] 林上杰，林康司. JSP2.0 技术手册[M]. 北京：电子工业出版社，2004.
[8] 耿祥义，张跃平. JSP 实用教程[M]. 2 版. 北京：清华大学出版社，2007.
[9] 张新曼. 精通 JSP—Web 开发技术与典型应用[M]. 北京：人民邮电出版社，2007.
[10] 陈旭东，刘迪仁. JSP 2.0 应用教程[M]. 北京：北京交通大学出版社，2006.
[11] 耿祥义，张跃平. JSP 大学实用教程[M]. 北京：电子工业出版社，2007.
[12] 彭超，马丁. JSP 网络编程入门与实践[M]. 北京：清华大学出版社，2007.

Learn more about it!

笔

记

栏